新型职业农民科技培训教材

# 特色水果栽培技术

主　　编　党寿光

副 主 编　罗　楠

参编人员　苟　俊　陈　伟　高　瑛

何绍国　吴安辉　张伦德

黎秋刚　何　平　刘志田

肖鹏举　王建芳

电子科技大学出版社

图书在版编目（CIP）数据

特色水果栽培技术 /《新型职业农民科技培训教材》编委会编. —成都：电子科技大学出版社，2012.9（2017. 9重印）
新型职业农民科技培训教材
ISBN 978-7-5647-0467-4

Ⅰ. ①特… Ⅱ. ①新… Ⅲ. ①水果－果树园艺－技术培训－教材 Ⅳ. ①S66

中国版本图书馆 CIP 数据核字（2012）第 185523 号

新型职业农民科技培训教材
特色水果栽培技术

《新型职业农民科技培训教材》编委会 编

出　　版：电子科技大学出版社（成都市一环路东一段 159 号电子信息产业大厦　邮编：610051）
策划编辑：张　鹏
责任编辑：张　鹏
主　　页：www.uestcp.com.cn
电子邮箱：uestcp@uestcp.com.cn
发　　行：新华书店经销
印　　刷：成都市火炬印务有限公司
成品尺寸：130mm×195mm　印张 4.375　字数 90 千字
版　　次：2012 年 8 月第一版
印　　次：2017年9月第九次印刷
书　　号：ISBN 978-7-5647-0467-4
定　　价：8.30 元



◆ 本社发行部电话：028-83202463；本社邮购电话：028-83201495。
◆ 本书如有缺页、破损、装订错误，请寄回印刷厂调换。

# 编者的话

为贯彻落实中央1号文件和全国农业科技教育工作会议精神，加快培育新型职业农民，推进现代农业发展，保障国家粮食安全和主要农产品有效供给，“以传播农业知识，提高农民素质，促进农业生产，增加农民收入”为宗旨，我们组织有关职业技术院校的涉农专业教师和长期从事农业技术推广工作的资深专家，编写了这套具有较强针对性和实用性，又便于农民朋友学习、提高的培训教材，供各地开展新型职业农民培训时选用。

该套教材采用了国家最新标准、法定计量单位和最新名词、术语，并注重行业针对性和实用性，力求做到内容浅显易懂、图文并茂，让农民朋友易于学习、掌握。该套教材共涵盖种植、养殖、加工、农产品安全等四个大类，共20多种，是目前国内同类教材中最新的一套培训系列教材。

由于编写时间较为仓促，教材中难免存在不足和错误，诚望各位专家和广大读者批评指正。

《新型职业农民科技培训教材》编委会

2012年7月

# 目　录

第一章　甜樱桃　/　1

第一节　栽培现状及发展前景 …… 1

第二节　主要优良品种 …… 3

第三节　甜樱桃对生态环境的要求 …… 5

第四节　甜樱桃栽培技术 …… 6

第二章　枇　杷　/　22

第一节　概　述 …… 22

第二节　枇杷分类与主要品种 …… 24

第三节　枇杷对生产环境的要求 …… 29

第四节　枇杷生产栽培技术 …… 30

第三章　芒　果　/　42

第一节　主要栽培品种及新引进品种 …… 42

第二节　建　园 …… 48

第三节　栽培管理 …… 52

第四节　果实采收 …… 67

第四章　柠　檬　/　68

第一节　柠檬生产现状 …… 68

第二节　柠檬主要栽培品种 …… 70

第三节　柠檬的繁殖 …… 71

第四节　柠檬的栽培管理 …… 76

第五节　柠檬主要病虫害防治 …… 86

第六节　柠檬的果实管理、贮藏及商品化处理 …… 92

第五章 荔 枝 / 95
第一节 概 述 …… 95
第二节 主要优良品种 …… 96
第三节 育苗技术 …… 98
第四节 栽培技术 …… 101
第五节 病虫害防治 …… 111

第六章 龙 眼 / 114
第一节 概 述 …… 114
第二节 主要优良品种 …… 115
第三节 生长结果习性 …… 116
第四节 对环境条件要求 …… 119
第五节 苗木繁育 …… 121
第六节 早结丰产栽培技术 …… 123
第七节 病虫害防治 …… 128

# 第一章 甜 樱 桃

## 第一节 栽培现状及发展前景

甜樱桃原产欧洲，属蔷薇科李属植物，在落叶果树中享有“春果第一枝”的美称。甜樱桃可谓浑身是宝，其根、叶、核、果实均有药用价值。对四肢瘫痪、风湿腰痛、腹泻胃疼等疾病有很好疗效，可调气活血、平肝去热，特别是其种子油中含亚油酸 8% ~44%，具有治疗冠心病、高血压的药用成分。其果实较中国樱桃大 3 ~4 倍，外观红靓，扁圆形或近圆形，果肉致密，较硬，耐贮运。果实可食率达 88%，可溶性固形物含量 17% 以上，含糖 11.9%，有机酸含量 1.0%，蛋白质含量 1.1%。每 100 克果汁中含游离氨基酸 47 毫克，可食部分维生素含量 14 ~15 毫克，是苹果、梨的 3 ~4 倍，此外还含有磷、钙、铁等矿物质。甜樱桃还有促进再生作用，对于贫血患者、皮肤干燥者，多食很有益处。甜樱桃的经济价值极高，既可作为高档珍稀果品种植，又能作为城市园林美化。其树姿挺秀，花早色艳，最早装扮春天，待果实成熟，果红叶绿，蔚为壮观。因此，甜樱桃也是一种很好的观光农业树种。

欧洲甜樱桃果实外观鲜艳、味美、营养丰富且有一定的医疗保健作用。美国农民称甜樱桃种植业为“黄金种植业”，称甜樱桃为“宝石水果”。近 10 年全世界甜樱桃栽培面积和总产量成增长趋势，目前世界甜樱桃结果面积 546 万亩（1 公顷 = 15 亩），总产 220 万吨左右。主产栽培区为意大利、西班牙、德国、俄罗斯、土耳其、美国等欧洲和北美洲地区。世界甜樱桃贸易主要集中在西欧、北美地区和日本，世界出口甜樱桃最多的国家是美国和土耳其。与欧美地区国家相比，我国甜樱桃生产起步晚，近 10 年国内甜樱桃价格异常昂贵，每千克零售价高达 20 ~ 60 元。每亩产值高达 8000 ~ 20000 元，实为一种高效果树。周边国家如日本、新加坡、韩国、马来西亚、泰国、印度尼西亚，每年均需大量进口甜樱桃。由于甜樱桃对生态环境要求严格，喜冷、凉、干燥和日照充足的气候条件，目前，国内主要种植区仅限辽宁南部的大连、山东半岛、河北昌黎等地；北京、山西、四川、河南、江苏、甘肃、新疆、云南等地也有少量栽培。栽培品种已发展到 40 余个。目前，全国甜樱桃总面积约 50 万亩，总产量仅 3 万吨左右。

四川省高海拔地区如汶川、茂县、汉源等地于 20 世纪 80 年代中期从大连、烟台等地引进了红灯、大紫、那翁、红艳、旅大等优良品种，并在不同海拔区域进行试验示范，通过多年的观察总结，甜樱桃在海拔 1400 ~ 2000 米的区域表现出极强的生态适应性，果大味甜、产量高、品质优，在第三届全国中西部地区甜樱桃发展研讨会上与北方地区甜樱桃样品相比，被公认为具有最佳品质。同时，不但品质明显优于甜樱桃现在主产区胶东半岛，而且成熟期还早于北方产区 15～20 天，产品又耐贮运，具有极强的市场竞争力。由于以前四川省高海拔民族地区受交通、土地资源等条件限制，长期以来甜樱桃种植的规模发展缓慢，种植面积仅在 3 万亩左右，结果树不足 10%，产量约 300 吨，因此有很大的发展空间和市场前景。

## 第二节　主要优良品种

1. 红灯

红灯系大连农业科学研究所于 1963 年以那翁为母本，黄玉为父本杂交育成，为早熟、大果、半硬肉的红色优良品种，平均单果重 9.6 克，最大果重 12 克，果实呈肾形，整齐。果皮紫红色，有光泽，似“红灯笼”状。果肉肥厚、多汁、味甜，品质上等，比较耐贮运。树势强健，幼龄树期树姿直立，成龄树树冠半开张。枝条粗壮，幼龄期生长势强，容易徒长，进入结果期比一般品种稍晚。若采取拉枝、摘心、拿枝等夏剪措施加以控制可提早结果。萌芽率高，成枝力强，一般定植后 4 年开始结果，6～7 年后进入盛果期，产量高而稳定，是个丰产品种。对授粉品种的选择比较强，经试验以巨红、红蜜、滨库等品种授粉结实率高。

2. 艳阳

艳阳是加拿大用先锋与斯坦勒杂交育成的中晚熟品

种，果实特大，可达13克以上，果实圆形，果色深红至黑红色，有较好光泽，果甜多汁，可溶性固形物17%，质地较软，较耐贮运，树势强健，树姿开张，树冠中大，幼树生长快，萌芽力强，成枝力高，抗逆性强，自花结果，早果性和丰产性好。

3. 先锋

加拿大育成的优良甜樱桃新品种。在欧洲、美洲、亚洲地区均有栽培，是加拿大、美国、英国、法国等国栽培较多的晚熟品种。果实大，平均单果重8.5克，最大果重10.5克，果实呈圆球形或短心脏形，果顶平。果面紫红色，有光泽，艳丽美观。果梗短粗，为本品种果实突出的特征。果皮厚而韧，果肉丰满肥厚，脆而硬度大，深红色，甜酸可口，可溶性固形物含量17%，品质上等。果实生育期50~55天。树势强健，年年结果，丰产性突出，花粉多，是一个优良的授粉品种。但该品种需配置授粉树，斯坦拉、那翁、滨库是其良好的授粉品种。

4. 雷尼尔

雷尼尔也叫雷尼，是美国华盛顿州培育成的一个丰产、质优的中熟黄色甜樱桃品种。果实大，平均单果重8~9克，心脏形。果实底色黄，具鲜红色晕，甚是艳丽。肉质硬，可溶性固形物含量15%，品质佳，耐贮运，较抗裂果，鲜食和加工均宜。果实生育期45~50天。树势强健，枝条粗壮，节间短，树冠比较紧凑，丰产稳产。

5. 拉宾斯

拉宾斯的亲本为先锋×斯坦拉，是加拿大夏地农业研究站育成的一个自花结实品种。果实极大，平均单果重11.5克，近圆形或卵圆形，紫红色，艳丽美观，有诱人的光泽。果皮厚而韧，肉质肥厚，脆而硬，汁多，可溶性固形物含量16%。甜美可口，品质上等。果实生育期50～55天。树势健壮、较直立。侧枝发育良好，树体具有很好的结实结构，可保持连续高产。既是自花结实力强的品种，又可与许多品种互相授粉，是难得的一个大果自花结实品种。

6. 萨米脱

萨米脱为加拿大育成的中晚熟品种。果实特大，单果重10～12克，长心脏形，果实初熟时为鲜红色，完熟时为紫红色，果皮上有稀疏的小果点，色泽亮丽。果肉红色，肉脆多汁，含可溶性固形物15%，风味浓厚，品质佳。树势强旺，树姿半开张，中短枝易形成腋花芽，坐果成串。中长枝甩放后易形成花束状果枝，以花束状果枝和短果枝结果为主。每花序坐果2～4个，多数为3个。早产性好，丰产，常规管理下3年生树结果，5年丰产且稳产。果柄短粗，不易落果，抗寒抗旱较强。

## 第三节 甜樱桃对生态环境的要求

甜樱桃适应比较凉爽干燥的气候。理想的露地栽培温度条件是年平均气温11℃～15℃，发芽期适宜的温度为10℃，开花期适宜温度为15℃，果实发育到成熟期适宜温度为20℃，冬季最低温度不能低于－20℃。甜樱桃是落叶果树，冬季需要一定的低温冷量方能正常休眠，一般在7.2℃以下低温1200小时以上，才能保证甜樱桃的正常发芽、开花和结果。

甜樱桃适宜在土层深厚、疏松、透气性好、保水力较强、pH值为6.0～7.5的砂壤土或砾质壤土中生长，盐碱地区不宜种植甜樱桃。另外，甜樱桃的根系一般比较浅，抗风能力差。对水分状况很敏感，既不抗旱，也不耐涝，土壤水分过多，引起烂根，在年降雨量500～900毫米的地区栽培，表现很好。

甜樱桃是喜光树种，要求年日照时数大于1400小时。在四川省，甜樱桃的栽培适宜区为海拔1200～2000米范围，最适区为1400～1800米。例如四川省大渡河流域，岷江上游，汶川、九寨沟、金川、小金、汉源及越西等地，这些地区属暖温带和温带气候，冬无严寒，夏无酷暑，日照充足，年温差小，日温差大，是甜樱桃栽培的最适区。甜樱桃在这些区域成熟期早，果大味甜，果色美观，市场优势明显。

## 第四节　甜樱桃栽培技术

### 一、栽植

#### （一）园地选择

甜樱桃园应选择背风、向阳、地下水位低、周围有防护物可以挡风，并且以前没有种过桃、杏、李等核果类果树的土地。要求土壤肥沃、土层深厚、有机质含量在1%以上、通透性好、地下水位1米以下、土壤pH值在6.0～7.5的微酸或中性的沙壤土、壤土或轻粘土。

（二）主栽品种

近年来国内引种了很多甜樱桃品种，不同品种对光照及温度有不同的要求，在选择本地主栽品种时，要根据当地的生态、交通、市场的取向等方面综合考虑。在四川省表现丰产，品质好的品种有红灯、拉宾斯、雷尼尔、艳阳等优良品种。甜樱桃在四川省属稀有果品，主要是以鲜果销售为主，四川省甘孜、阿坝和凉山地区也可以利用不同的海拔高度，延长同一品种的成熟期，拉大鲜果上市的销售期，增加经济效益。

（三）苗木质量

甜樱桃栽植一般采用1年生嫁接苗，要求品种纯度要达到95%以上。根系完整，无根癌病和根结线虫，侧根数量起码4根，须根要多。苗木高度1米以上，嫁接口上方苗木粗度大于0.8厘米。主干要直立，倾斜度不得超过15度，枝干无流胶，30～60厘米内有5个以上饱满叶芽。

（四）砧木选择

甜樱桃属高大乔木，长势很旺，如果任其自然生长高度可达10多米，给生产管理和采果带来极大的不便，还会大量增加生产成本。目前国内外普遍推广矮化砧木，采用德国在樱桃种间杂交而成的“吉塞拉”砧木系列，可使樱桃树体矮化30%，苗木健壮，生长快，结果早，而且适应性强，对土壤适应性广，抗旱和耐水渍性出色，抗逆性强，并抗根癌和根腐。采用矮化砧木，一般定植第3年就开始结果，比用乔化砧木提早结果2~3年，还可密植栽培，提高单产，从而大大提高经济效益。

（五）授粉树配置

甜樱桃大多数品种自花不实或自花结果率较低，栽植时必须配置授粉树，这项工作直接关系到今后的经济效益，十分重要。一般一个生产园栽培3~4个以上品种互相授粉较理想，且应选择与主栽树种花期一致且亲和力强、花粉数量大、商品性状好、抗逆性强的授粉品种搭配栽植。授粉品种与主栽品种的配置比例为1:3。拉宾斯、艳阳、雷尼尔、红灯等品种均可互为授粉树。

（六）栽植密度

栽植密度应根据甜樱桃园的气候条件、土壤条件、水利条件、地势状况、品种特性、砧木矮化能力、整形修剪方法和整体管理水平来确定，株行距为3~4米×4~5米。

（七）栽植方法

甜樱桃在秋季落叶前后至次年春季萌芽前均可定植，一般以秋栽为主。定植穴长宽为100厘米×100厘米，深60~80厘米，土层浅薄，土壤粘重可适当加大穴窝，密植园或平地可挖深80厘米、宽80~100厘米的定植沟。定植前，先在定植穴或定植沟底填上20~30厘米厚的作物秸秆、杂草等，然后将表土与有机肥按每亩1500~3000千克和过磷酸钙50~100千克混匀回填至土壤高出地面20厘米左右，浇一次透水让土壤沉实。

栽植前，对苗木根系用1%硫酸铜溶液浸泡5分钟后再放到2%的石灰水中浸泡2分钟进行消毒，然后用清水冲洗一遍（出圃后已用抗根癌菌剂蘸根的苗不再进行以上消毒处理），将破根剪平、过长根剪短。定植时先把土挖开，将根系舒展置于定植穴内，填入表层细土压实，使根系与土壤紧密结合；栽植深度以土壤下沉后，根茎部与地面齐平为宜；栽后立即浇足定根水，并用黑色地膜覆盖树盘。在风大的地方用宽6厘米，长20厘米的塑料袋套在树干上端，待翌年春季发芽后取袋。

## 二、甜樱桃田间管理

### （一）土壤管理

1. 深翻培土

每年9～10月份结合秋施基肥深翻扩穴。在定植穴或沟外挖环状沟或平行沟，沟深50厘米，宽60～100厘米，土层浅薄的甜樱桃园可适当加深，并加入作物秸秆和牲畜粪，土壤粘重的樱桃园还应掺入沙土以改善土壤的透气性。埋肥回填土壤后充分灌水。在栽植后3～4年，全园扩穴一遍。

2. 中耕除草

甜樱桃园降雨或灌水后应及时进行中耕松土、除草，深度8～12厘米，全年进行2～3次。

3. 覆盖

结合夏季压青进行，将草均匀地撒在树盘内，厚度10～20厘米，可有效地减少水分和养分的流失，保持土壤温度和湿度的相对稳定，促进微生物活动、养分分解和根系生长。覆盖材料可用作物秸秆、绿肥和地膜等。果园覆草一般在春末夏初进行，厚度 15～20 厘米，在树干周围 15～20 厘米范围内不覆草。

4. 间作

提倡幼龄甜樱桃园进行间作。间作物要求是与甜樱桃无共同病虫害、根系浅的矮秆类植物，以不影响甜樱桃的生长为原则，一般以矮秆豆科作物为好，此作物根系具有固氮作力，可提高土壤肥力。如豆类作物、蔬菜、绿肥类及药用植物等均可，忌高秆、藤蔓作物。

（二）施肥

1. 幼树施肥

第 1 年生幼树 5～10 月，每月施肥 1～2 次，每次根施稀释人畜粪水 2.5 千克/株。第 2 年生树从春季萌芽开始每月施 1～2 次肥，全年氮素控制在 0.1 千克/株～0.2 千克/株。第 3 年全年施肥 5～7 次，每次施入人畜粪水 7 千克/株～10 千克/株，全年氮素控制在 1 千克/株。

2. 成年树施肥

根据树龄、生长势和当年预计产果确定全年施肥量，在树冠滴水处挖深 20～40 厘米环沟施入。

（1）秋施基肥　在每年的 9～10 月份结合深翻扩穴进行，施用腐熟农家肥，施肥量占全年施肥量的 70%。这次肥主要供给甜樱桃春季萌芽、开花所需营养，对全年的养分供应也起重要的作用。秋施基肥要早，这样有利于肥料熟化，同时还可使伤断的根早愈合。基肥种类以有机肥为主，施肥量根据树龄、树势及有机肥料种类和质量而定，结果大树一般每株施 80 ~ 100 千克。

(2) 花果期追肥　甜樱桃开花结果期间，对营养条件有较高的要求。这一期间适时、足量追肥，对促进开花坐果和枝叶生长有明显作用。肥料种类以速效性肥为主，如微生物肥、菌肥等。花期追肥主要是为了提高坐果率和供给果实发育、梢叶生长所需，对增大果重有明显作用，时间应在谢花后、果核和胚发育期以前进行，过晚往往使果实延迟成熟，品质低。初果树和结果树每年追肥 4 次，初果树适当控制氮肥、增加磷肥用量，结果树花前和采果后每次每株沟施人粪尿或猪粪水 30 千克、尿素或果树专用肥或复合肥 0.5 ~ 1.5 千克。

3. 叶面追肥

甜樱桃全年叶面追肥 3 ~ 5 次，盛花期叶面追肥为 0.1% 尿素 + 0.2% 硼砂，果实膨大期叶面喷施 0.2% 尿素 + 0.1% 磷酸二氢钾 2 ~ 3 次，提高坐果率，采收前 20 天停止叶面喷肥。

(三) 水分管理

1. 灌水

幼树期和结果初期结合施肥进行。成年树 1 年中一般需要灌 5 次水。

(1) 花前水　在发芽至开花期结合追肥进行，这一时期气温较低，灌水量要少，以“水过地皮干”为度，以免降低土温，影响根系生长。但在有晚霜危害的地区，则应在近花期的时间灌水，且要灌深灌透，这样可以延迟花期 3 ~ 5 天，有利于防止晚霜危害。

（2）硬核水　落花后当果实发育如黄豆大小时，要及时浇水，促进果实发育。早熟品种在此以后至果实成熟时和中晚熟品种果实成熟前 20 天以内，最好不要再浇水，以免引起或加重果实裂果。

（3）采后水　果实采收后结合追肥进行，及时浇水，以促进花芽分化。此次浇水要控制，宜小不宜大。

（4）基肥水　秋施基肥后浇一次透水，促使基肥尽快腐化、创伤根尽快愈合，以提高树体营养积累，增强树体抗寒力。

（5）封冻水　在落叶至土壤封冻前进行，以使土壤温度和湿度保持相对稳定，根系免受冻害。

在缺水的地方，新建甜樱桃园要配套修建蓄水池，变漫灌为穴灌或沟灌，推广微滴灌或微喷灌。

2. 排水

甜樱桃对水分特别敏感，涝害轻的削弱树势，重的会造成树体死亡。园内要设置、清理好排水系统，平地或低洼地应在园内挖宽 60 ~ 80 厘米、深 60 厘米的中央排水沟和四周边沟，要求雨后无积水。

（四）甜樱桃整形修剪

1. 整形

甜樱桃在生产中根据地形的不同、栽培水平的高低和砧木矮化的程度有多种整形方式，下面着重介绍在四川省采用较为普遍的两种树形。

（1）纺锤形　干高 40 ~ 60 厘米，树高 2.5 ~ 3 米。中心干上，轮生 10 ~ 15 个主枝，角度 70 ~ 80 度。中、下部主枝可着生 3 ~ 4 个侧枝，最上部 2 ~ 3 个主枝上直接着生结果枝组，不培养侧枝。定植后留 80 ~ 90 厘米定干，剪口离第一个芽 2 ~ 3 厘米，顶芽萌发成直立向上生长的中心干时，抹去顶芽以下 10 厘米左右的芽，再在抹芽以下的干上选留分布均匀、发育良好的 3 个芽，萌发做主枝。中心干新梢每生长 70 ~ 80 厘米就剪去 25 ~ 30 厘米，主枝延长枝长至 60 厘米时剪去 20 厘米，反复进行，促发分枝。侧枝延长枝长至 50 厘米时剪去 20 厘米，主干、主枝、侧枝延长枝在定植后 3 年内每年剪梢（截）两次，使之发生两次分枝，直至所需的分枝数量达到数目为止。

（2）小疏层形　有中心干，干高 40 ~ 50 厘米，全树 5 ~ 6 个主枝，分 2 层，第 1 层 3 ~ 4 个主枝，主枝角度 70 ~ 80 度，每一主枝上着生 2 ~ 3 个侧枝和若干个结果枝组，侧枝交替分布在主枝两侧，间隔 30 厘米左右；第 2 层 2 ~ 3 个主枝，开张角度为 50 ~ 60 度，层间距离 120 ~ 150 厘米，上面着生结果枝组。当年定植苗木后，采取 60 厘米高度定干。当年春季能萌发 3 ~ 5 个强旺枝，将其中位置高的剪口第一芽萌发的健壮新梢培养成中心延长枝，其余新梢中选留 3 个分布合理、分枝角度较大的枝作为主枝，剩余的枝作为辅养枝或培养成结果枝组。

2. 修剪

（1）幼树期　培养树体骨架，扩大树冠，应加强连续摘心，拉枝开角，可采用撑、拉、吊的方法，促早成形。在整个幼树整形修剪过程中，要注意平衡树势，抑强扶弱，培育主枝，突出中心干，做到主从分明，层次清楚。

(2) 初果期树　初果期树在修剪上应以甩放长枝为主，通过甩放缓和树势，减少长枝数量，避免因短截过多造成枝条密生，光照恶化。以中、长果枝结果为主的品种，结果期本着甩放为主、回缩为辅、放缩结合的原则培养中长结果枝。对分枝角度偏小或过大的骨干枝，仍需通过撑、拉、吊予以调整，整形期间选留不当、过多过密的大枝和位置不好的辅养枝要及时疏除。此期修剪的主要特点是缓和树势，积极培养各种类型的结果枝组，为大量结果打好基础。

(3) 盛果期树　盛果期甜樱桃大量结果之后，随着树龄的增加，树势和结果枝组逐渐衰弱，结果部位外移。应采取回缩和更新的手法，促使花束状果枝向中、长果枝转化，以维持树体长势中庸和结果枝组的连续结果能力，在修剪上一定要注意甩放和回缩适度，做到回缩不旺、甩放不弱。疏除内膛枝、密生细弱枝、病虫枯枝及紊乱树冠的强旺直立大枝，使树体通风透光。外围新梢的生长量控制在30厘米左右，适时进行回缩和更新修剪，防止结果部位外移和大小年结果。

(4) 衰老树　在骨干枝上分批回缩结果枝组，刺激潜伏芽抽生萌条，培养成新的树冠，恢复树势和结果能力，延迟结果年限。

(五) 花果管理

1. 花期授粉

(1) 人工授粉　用鸡毛掸或棍式授粉器在主栽和授粉品种间滚动，也可采集花粉在盛花期进行点授，共进行2~3次。

(2) 利用昆虫授粉　甜樱桃园饲养蜜蜂，使其在采集花粉花蜜时传播花粉，效果很好。

2. 疏花疏果

(1) 疏花　在甜樱桃开花前或开花期进行，主要是疏去树冠内膛细弱枝上的花及多年生花束状果枝上的弱质花、畸形花。一般在4月上旬至下旬进行，每个花束状短果枝留2~3个花序。

(2) 疏果　一般在5月中旬生理落果结束后进行。每个花束状短果枝留3~4个果。疏去小果、畸形果以及光线不易照到、着色不良的内膛果和下垂果，保留横向及向上的大果。

(六) 病虫害防治

1. 综合防治

选用抗病虫品种，通过合理密植，减少病虫发生；中耕除草，减少病虫的寄生场所，使害虫和蛹裸露于地面而死亡；合理施肥，实行氮、磷、钾的配方施肥，使果树营养平衡，增强抗病虫的能力；在冬季进行清园，将果园中的枯枝落叶、杂草稿秆清理出园，集中烧毁或深埋，可减少来年的初侵染源，减轻病虫危害；以虫治虫、以菌治虫、以菌治病和性诱剂防治害虫，减少对天敌的杀伤，达到防治病虫害的目的；利用有些害虫的趋光性，用灯光诱杀成虫，可用白炽灯或黑光灯进行诱杀，但灯光诱杀必须避开灯下益虫的高峰期，另外还可利用有些害虫的假死性，进行机械捕杀；加强病虫监测，禁止使用高、剧毒或有机磷农药，安全合理使用高效、低毒或无毒、低残留的生物类农药，适时开展防治，应在病虫发生初期进行防治。选用高效低毒低残留的农药品种，做到适时用药和一药兼治，交替轮换用药。改进喷药技术，控制用药量，严格执行农残标准和安全间隔期。

2. 主要病虫害防治

（1）褐斑病、叶斑病

症状：叶片发病之初，形成针状的紫色小斑点，以后扩大并相互联合成为圆形褐色病斑，直径 1～5 毫米，上生黑色小点粒，最后病斑干缩，穿孔脱落。叶斑病则是在叶片下面叶脉间产生色泽不同的死斑，斑点形状不规则，斑不大，但数斑联合可使叶片大部分坏死，且叶背面产生粉红色霉状物。两病最早均在 5 月初发病，7 月前后达到高峰，发病严重时，可造成早期落叶，削弱树势，影响翌年产量。

防治措施：加强果园土肥水管理，合理修剪，增强树势；清扫落叶，消灭越冬菌源；发芽前喷 4～5 波美度石硫合剂或喷洒 70% 百菌清 300～1000 倍液、70% 甲基硫菌灵 1000 倍液、50% 多菌灵 500～800 倍液、10% 噁醚唑 2000～3000 倍液、80% 代森锰锌 600～800 倍液。

（2）流胶病

流胶病是世界各甜樱桃产区广泛发生的一种病害，有侵染性流胶和非侵染性流胶两种。

症状：两者均危害枝干。侵染性流胶病，1 年生枝感病后，以皮孔为中心形成瘤状突起，直径 1～4 毫米，其上散生小黑点，当年不流胶。翌年 5 月，瘤皮开裂，溢出树脂，由无色半透明逐渐变为茶褐色胶体。多年生枝产生水泡状隆起，直径 1 ~ 2 厘米，并有树脂流出。非侵染性流胶病，由冻害、病虫害及机械伤引起，施肥不当、过重，结果过多，土壤粘重等引起树体生理失调也会引发流胶病。感病树自春季开始，在枝干伤口处及枝杈夹皮死组织处溢泌树胶，流胶后，病部稍肿，皮层及木质部变褐腐朽，腐生其他杂菌，导致树势日衰，严重使枝干枯死。一般 4 ~ 10 月间，雨季或长期干旱后偶降暴雨，流胶病发生严重，多见于非侵染性流胶病。

防治措施：加强栽培管理，增强树势，提高抗病力；及时防治天牛等蛀干害虫，尽量减少或避免各种伤口产生；已发病的及时刮治或结合冬剪时清除病枝；侵染性流胶病，发芽前用 402 抗菌剂 100 倍液涂刷病斑，生长期喷 50% 多菌灵可湿性粉剂 800 倍液，或 70% 甲基硫菌灵 1000 倍液 3 ~ 4 次。非侵染性流胶病伤口用生石灰 10 份、石硫合剂 1 份、食盐 2 份、植物油 0.3 份加水调成保护剂涂抹。

(3) 根颈腐烂病

症状：此病多发生在结果期树上，发病部位多从根颈开始，逐渐扩展到较粗侧根的基部。病部先出现水浸状褐色病斑，皮层组织受到破坏，逐渐溃烂，后蔓延扩大，最后形成层腐烂。该病导致树势衰弱，花量增多，但坐果率甚低，果个变小，致使整株树死亡。

防治措施：选用抗病砧木；加强排水防风设施；防治金龟子类幼虫，减免伤根；及时调查树势弱的植株，发现病株立即治疗，在病部纵向划道后涂 3 ~ 5 倍腐必清乳剂或2~3倍苹腐速克灵，或40%乙膦铝200~400倍灌根。

（4）根癌病

症状：主要发生在根颈处，有时也发生在主根与侧根交接处。癌瘤大小不一，小如豌豆或更小，大如拳头或更大，通常为球形或不正球形。初发病时，为灰白色或淡褐色小瘤，光滑质软，渐变褐色以至深褐色，表面粗糙或凹凸不平。此病是一种慢性病，病树生长缓慢，树势衰弱，抗性降低，渐至死亡。

防治措施：选用抗病力强的砧木；避免在低洼、盐碱、粘重地区建园；加强果园管理，增强树势；严查并烧毁病苗；健苗用3~5波美度石硫合剂或根癌宁（k84）30倍液浸根；2~3年生树用根癌宁30倍液浇灌，用量为1~2千克/株；切净病株根瘤，伤口处贴上吸足根癌宁30倍液的药棉，再灌以适量药液。

（5）桃红颈天牛

桃红颈天牛是危害甜樱桃的常见害虫。以幼虫蛀食枝干，引起流胶，削弱树势。严重时造成大枝以至整株死亡。

防治方法：成虫发生前在树干和大枝上涂白涂剂，防止产卵；6~7月成虫羽化期利用成虫多中午静伏的习性到枝干上捕捉；幼虫危害期发现新虫粪人工挖除或用80%敌敌畏5~10倍液虫孔注药或用药棉塞虫洞，封口杀幼虫。

（6）大灰象甲

大灰象甲又叫大灰象鼻虫，成虫啃食新栽幼树的幼芽、嫩叶，影响幼树的正常生长和成活率。在坡、荒地新建的甜樱桃园受害较重，同时还有蚂蚁，很难用药防治。该虫在土中越冬后，每年4月间恢复活动，先取食杂草，待苗木发芽时，陆续转移到苗木上危害幼芽、嫩叶。成虫不善飞翔，以爬行为主，有假死性。白天不大活动，清晨、傍晚和夜间活跃。6月中、下旬大量产卵于叶尖或土中。

防治方法：成虫发生期人工捕捉或振落捕杀；苗木定植后于发芽前在整形带以下扎一伞形纸裙或塑料薄膜筒，开口朝上，防止成虫上爬啃食；或喷90%敌百虫1200倍液、40%辛硫磷750~1000倍液。

（7）红蜘蛛

红蜘蛛成虫、若虫、幼螨刺吸芽、叶、果的汁液，叶受害初期呈现许多失绿小斑点，渐扩大连片，严重时全叶苍白枯焦早落，常造成二次发芽开花，削弱树势，影响花芽形成及下年产量。该虫在花芽开绽时上芽危害甜樱桃树，气温越高危害越重，7~8月份，螨量达到最高峰，危害最重，往往使叶片焦枯，甚至提早落叶。

防治方法：发芽前刮除老翘皮，喷洒3~5波美度石硫合剂，消灭越冬螨源；出蛰盛期喷洒1.8%阿维菌素3000~5000倍液或5%噻螨酮1500~2000倍液。

（8）金龟子类

四川省发现的是铜绿金龟子，幼虫取食新栽树或低龄树根部，引起死亡。成虫啃食甜樱桃花蕾、花器、嫩枝和幼芽。

防治方法：利用成虫假死性，早晚用振落法捕杀成虫；树上喷90%敌百虫1200倍液或50%辛硫磷乳剂1500～2000倍液；用5%的辛硫磷颗粒剂，撒于树下，浅锄，毒杀出土成虫或初孵幼虫。

(9) 梨小食心虫

在四川省甜樱桃果园，幼虫从新梢顶端2～3片嫩叶的叶柄基部蛀入为害，并往下蛀食，新梢逐渐萎蔫，蛀孔有虫粪排出，随后新梢干枯下垂。1年发生3～4代，一、二代幼虫主要为害桃，6～9月转移到甜樱桃上危害新梢，世代重叠，有转梢危害习性。

防治方法：早春发芽前刮除粗翘皮，及时剪除蛀梢，集中烧毁；8月份在主干上绑草束，诱集越冬幼虫，于冬季取下烧毁；生长季用2.5%氯氟氰菊酯3000倍液、2.5%氯氰菊酯4000～5000倍液喷洒防治。

(10) 桃虎

桃虎成虫蛀食幼果，取食果肉，深达果核。果面上蛀孔累累，甚者达10多个。轻者降低品质，重者引起腐烂、落果，严重影响产量。

防治方法：早春3月中旬，用5%辛硫磷颗粒剂撒于树盘下，浅锄，杀死出土成虫；利用成虫假死性，早晨振动树枝，集中捕杀成虫；摘除树上蛀果、拾尽树下落果，集中沤肥或浸泡在水中，以消灭未脱果幼虫；树上用2.5%氯氟氰菊酯3000倍液、2.5%氯氰菊酯4000～5000倍液喷洒防治。

(11) 鸟害

甜樱桃果实色泽鲜艳，味道甘甜，常常引来鸟类啄食，严重影响果品的商品性和收入。有条件的果园可覆盖防鸟网，一般果园可在甜樱桃园内采用悬挂稻草人或用塑料制作的猛禽、人型，敲锣打鼓，用扩音机播放鸟类惨叫的录音磁带等方法，来惊吓驱散鸟类，减轻危害。

（七）果实采收与包装

按照果实发育期、色泽、风味、内在成分分析来判断成熟度，同时结合果实贮藏运输距离决定采收期，依采果用途而定。当地鲜销要充分成熟后采收，外地鲜销或加工制罐八成熟时采收，即比鲜食提早 5 ~ 7 天。同一树上可据果实成熟情况在 7 ~ 8 天内分 2 ~ 3 次采完。

1. 采收方法

人工采收应用果梯、采果篮等工具，禁止直接上树采摘。果篮容量不能太大，以 3 ~ 5 千克为宜，手捏果柄，轻拿轻放，防止伤果和压坏下部果实，最好避开高温时候采收。

2. 包装

采用轻质、整洁、隔热效果好、坚实不变形、外观美、便于拆装的泡沫或其他材料制作的包装箱，内垫衬纸；根据不同需要，容量以 1 ~ 2.5 千克为宜，最大不超过 5 千克。

# 第二章
# 枇　杷

## 第一节　概　述

枇杷，别名卢橘，蔷薇科枇杷属植物，是原产中国的亚热带果树。由于美观、味佳、营养丰富，并可入药，深受人们欢迎，也是我国近 10 年来增长较快的水果种类。我国枇杷的栽培面积和产量均居世界首位，目前面积已超过 180 万亩，产量 40 万吨（占世界产量的 80% 以上），已成为我国南方最具发展潜力的特色水果。

枇杷起源于中国，原产我国西部。据各类果树调查报告，野生枇杷多分布在四川省大渡河流域环绕贡嘎山东南坡的石棉县、汉源县、泸定县等海拔 1000 ~ 2000 米的区域内，而在会理的内西乡，湖北长阳、恩施一带山区亦有野生枇杷原始林。由此可以确定枇杷源生于我国四川、湖北一带，自古以来已有栽培。《周礼》载："场人掌国之场圃，而树之果蓏珍异之物。"注："珍异"指葡萄、枇杷之属。《西京杂记》（公元 1 世纪）载："初修上林苑，群臣远方各献芳果异树，有枇杷十株。"由此可以证明，公元 1 世纪至东汉时代，枇杷已在我国有栽培。到了唐代，已很普遍，例如白居易诗："淮山侧畔楚江阴，五月枇杷正满林。”

我国现有枇杷产区分布在中、北亚热带地区，在北纬27～33度的长江流域诸省和南亚热带及热带边缘地区，主要为四川、福建、浙江、江苏、湖北和安徽等省。

日本的枇杷自我国传去，现今栽培甚盛。如从樱岛地方栽培的早唐枇杷、中唐枇杷、晚唐枇杷等品种的命名来看，可能是在中国唐代时引入的。欧洲地中海沿岸以及美国加利福尼亚州等地，现亦有栽培的枇杷品种，均系我国及日本传去的。迄今，枇杷已分布到全世界的30多个国家，包括东亚的中国、日本、韩国和南亚的印度、巴基斯坦、尼泊尔、泰国、老挝和越南；中亚的亚美尼亚、阿塞拜疆和格鲁吉亚；地中海沿岸的以色列、塞浦路斯、土耳其、希腊、意大利、法国、西班牙、阿尔及利亚和埃及；南部非洲的南非和马达加斯加；大洋洲的澳大利亚和新西兰；南美洲的阿根廷、巴西、智利、厄瓜多尔和委内瑞拉；北美洲的美国、加拿大、墨西哥和危地马拉等。

枇杷的糖类以山梨醇为主，但到果实成熟时，转化为蔗糖，还有一部分葡萄糖和果糖。果实中富含苹果酸、柠檬酸，未成熟的果中还含有酒石酸。果肉含10种必需氨基酸，亮氨酸最高；8种非必需氨基酸，脯氨酸、谷氨酸和天门冬氨酸较高。枇杷类胡萝卜素种类多，含量丰富，通常果皮的类胡萝卜素含量比果肉的高数倍，黄肉果的胡萝卜素含量为白肉果的5～10倍。此外，枇杷果还含少量的金黄质、六氢番茄红素等5种其他类胡萝卜素。类胡萝卜素是枇杷果中维生素 A 的主要贡献者。此外，枇杷叶片中还含有多种有药用价值的物质，如熊果酸、山楂酸、苦杏仁甙等。

## 第二节 枇杷分类与主要品种

原产于我国的枇杷原种有：普通枇杷、大花枇杷、台湾枇杷、西藏枇杷、香花枇杷、窄叶枇杷、胡克尔枇杷、麻栗坡枇杷、倒卵叶枇杷、栎叶枇杷（及大渡河枇杷变种）、怒江枇杷、小叶枇杷、齿叶枇杷和腾越枇杷，共计 14 种，其中包括 1 个变种。而栽培品种属普通枇杷种，目前在生产上主要的优量品种是：

1. 大理大五星

四川成都市龙泉驿区果树研究所和龙泉驿区果树技术推广站于 1980 年从本区农户肖九松家的实生树中选出。树势中庸，主干明显，枝条中粗，树形开张，树冠呈圆头形。叶色深绿，叶片脉纹较深。顶芽为花芽或叶芽，芽体大而裸露，无鳞片包被，外面被锈黄色绒毛，腋芽扁平绿色，呈三角形，芽体很小。叶肉突起，果实圆形或卵圆形，萼孔开张多呈五角星形，少数呈圆形。平均果重 60.4 克，最大果重 78 克。果皮、果肉橙红色，果皮较厚，易剥离。果肉厚 0.96 厘米，质地细嫩，可溶性固形物 11% ~15%，风味甜多酸少，可食率 73%。在成都地区的 5 月中、下旬成熟，是目前生产上栽培最广的优良鲜食品种。管理不当冬季会出现落叶，雨水过多时有轻微裂果和果锈。

2. 早钟6号

早钟6号是由福建省果树研究所以森尾早生与解放钟杂交育成，为当前推广的早熟大果型品种。树势中庸，树形开张，进入结果期早。果实倒卵形或纺锤形，平均果重40~50克，最大果重70克。果皮及果肉橙红色，锈斑少，果脐周围绿色。肉质细嫩，甜酸适口。可溶性固形物含量12%。果实可食率69%，成熟期在福州4月上旬，而在成都龙泉则为4月下旬。品种早熟、优质、大果、早结、丰产性好，通过促成栽培，攀枝花可在冬春采收。成熟期前如遇多雨，外观欠佳，不易剥皮，易受冻害，且嫩叶易发生药害。

3. 龙泉1号

龙泉1号从成都市龙泉驿区美满4队实生枇杷树中选出。树势强健，幼树树形直立，成年结果后开张，呈圆头形。发枝力强，枝条中粗。叶色深绿，嫩梢展叶时叶面略扭曲，成叶后转正常。果实长卵圆形，平均单果重58克，最大果重68.7克。果皮厚，易剥离，果皮、果肉橙红色，质地细腻致密，甜酸适度。可溶性固形物含量11%~13%，可食率70.8%，5月中下旬成熟。该品种对叶斑病、缩果、日烧病的抗性均较强，不易裂果。果锈极少，外观内质均好，鲜食罐藏皆宜，耐贮运，丰产性好。缺点是果肉较薄，未成熟前较酸。

4. 金钟

金钟系1972年从龙泉驿区美满村实生枇杷树中发现的整齐单株，后经龙泉驿区果树研究所、龙泉驿区果树技术指导站经过多年选育而成。该品种树势强健，树冠扁圆形，树形开张，中心干不明显，叶披针形，叶面光亮多皱，叶背密生灰色绒毛，芽体很小，扁平、绿色，呈三角形，花白色，形小，五瓣，味香。果实呈长椭圆，似“钟”形，单果重35~57克，最大果重64克，果实呈橙红色，果肉为橙黄色，细嫩多汁，可溶性固形物9%~13.5%，种子2~4粒，可食率65%~75%。

5. 美满

美满是龙泉驿区果树研究所和龙泉驿区果树技术推广站采用实生选育法，从普通实生枇杷树群体中选出的优良单株中筛选而成。其树冠圆头形或半圆形，中央主干明显，侧生枝有明显分层，叶片大而厚，叶柄较短，花穗为圆锥花序，每穗花朵数平均80朵以上。果实近圆形，平均单果重51克，最大果重60克，果肉橙红色，味浓甜，果肉厚度0.79厘米，平均单果种子5粒，可溶性固形物含量达13%，可食率69%。成都地区在5月成熟，对叶斑病抗性强。

6. 解放钟

解放钟是福建莆田郑祖寿从大钟枇杷的实生苗中选出，果特大。在当地5月上、中旬成熟，为晚熟品种。树势强健，半直立，树冠平顶圆头形，枝粗壮，叶大而厚，长椭圆形。夏叶狭椭圆形，老熟叶片边缘反卷明显，叶片深绿，有光泽。果梗细软，中等长。果实倒卵形至长倒卵形，果顶微凹，基部较尖削，萼孔闭合。单果重70~80克，最大果重达170克。果粉多，锈斑少，果面及果肉淡橙红色。果肉厚，果皮中等厚，易剥离，果肉细密，汁液中等，甜酸适度，可溶性固形物含量11% ~12%，可食率71.5%，耐贮藏运输。各地引种者很多，由于果特大，是颇受欢迎的晚熟种，宜鲜食和鲜果外销。缺点是进入结果期较晚，有裂果及日烧病发生。

7. 红灯笼

红灯笼是成都市龙泉驿区从美满村实生枇杷园中选育而成的晚熟品种，亲本来源不详。树势较旺，主干明显，枝条较直立，幼树侧枝较细长。春叶长椭圆形，叶尖渐尖，基部楔形，边缘锯齿锐，较稀。新梢表面和新叶表面密被白色茸毛。花穗中等大小，果梗略向下伸。花粉多，自然坐果率较高。果实卵圆形或近圆形，平均单果重63克，大果100克。果顶平，萼筒小、较深，萼片残存或脱落。果实基部略尖削，果皮橙红色，锈斑少或无，果皮较厚，易剥皮。每果平均种子数4.1粒，可食率74.3%。果肉橙红色，肉质细嫩化渣，汁液丰富，味浓，甜酸适度。可溶性固形物含量13.5%。花期11月中旬~12月初；果实成熟期比大五星晚15~20天，比解放钟晚7天左右。

8. 泸州6号

本株系是由四川省纳溪县农牧局果技站于1986年在“茂木”枇杷实生树枇杷园中选出的品种，鲜食、制罐兼优。树势强健，树冠较开张，圆头形。主干灰褐色，有浅沟，枝条节间较短，萌发力和成枝力强，分枝多而紧凑。叶中等大，叶姿斜展，叶肉较厚，叶柄长

1.1 厘米，长椭圆形，基部楔形，叶面不平整，叶脉间微凸起，光泽不明显。幼叶正反面有灰白色毛茸；老叶正面毛茸少，叶背毛茸较厚，呈黄色，叶缘有钝状锯齿。果实卵圆形，平均单果重 46.7 ~ 55 克，最大果重 100 克，果顶平广，果基钝圆，果面毛茸短而密，淡棕色。果面锈斑少，果皮橙黄色，皮薄、易剥离。果肉深橙黄色，肉厚 0.8 厘米，细嫩多汁，可溶性固形物 11% ~13.5%，最高达 20%，可食率 75%。品质上乘，种子少，5 月中、下旬成熟。

9. 大房

大房是在日本农林水产省果树试验场具津支场由亲本楠与田中杂交育成，于 1967 年登记注册推广。四川省柑橘技术培训中心于 1989 年引进试种。试种观察中发现，该品种表现良好，中央主干明显，侧生枝有明显分层，树势较强，生长旺盛，枝条短粗、充实，树姿较为开张，在瘠薄土地上生长也较好。花期比一般品种要迟，有利于避过幼果期低温冻害。果实短倒卵圆形，果皮深橙黄色，果肉细密、化渣、多汁。果大，单果重 50 ~70 克，最大的达 130 克，可溶性固形物含量 13% ~17%。

10. 里见

里见由日本千叶县暖地园艺试验场从楠的自然杂交种实生树中选出。树势中等，分枝多，枝条稍细，随着树龄的增长，树形从直立逐渐开张。四川省柑橘技术培训中心于 1989 年引进试种，表现良好，果实大小与田中大致相同或略小，单果重 60 ~ 80 克，成熟期比田中早2周。果面及果肉均为橙黄色，容易剥皮。果肉中等厚，质地细密，糖酸含量高，风味浓，可溶性固形物含量15%～18%。缺点是耐寒性稍差。

11．房光

房光由日本千叶县暖地园艺试验场以瑞穗为母本，田中为父本杂交育成，1982年登记注册推广。四川省柑橘技术培训中心1989年引进，次年结果，表现好。树势中等，枝条分枝角度大，树形开张。果实短卵形，一般单果重60～70克。果面及果肉均为橙黄色，果皮光滑美观，易剥离，果肉中等厚，柔软致密，汁多，甜酸适度，可溶性固形物含量11%以上。本品种丰产性好，抗逆性强。

## 第三节　枇杷对生产环境的要求

### 一、气候条件

枇杷是一种亚热带果树，但可以在一些低纬度的温带地区生长，在年平均气温15℃以上，1月平均气温5℃以上，极端最低温度不低于－3℃，均可生长。大多数枇杷产区是以枇杷的花及幼果越冬，一般花蕾只能耐－5℃低温，幼果在－3℃开始受冻，低温持续的时间越长，受冻越严重。美国学者把－12℃作为枇杷树体耐寒的临界温度，－3℃作为杀死幼果的温度。一般生长于低纬度温带的枇杷耐寒性比较强，而生长在亚热带地区的枇杷对突如其来的冻点以下的低温就比较敏感。据调查，2005 年 1 月 2 日，成都地区最低温度达 -4.6℃，低温持续 3 天，枇杷幼果受冻损失达 76%。

枇杷要求阳光充足，这利于花芽分化和果实发育，可增加含糖量，使其着色良好，提高果实品质。过于强烈的阳光不能直射树干，以免灼伤，同时也会给即将采收的果实造成严重的日烧病。而过于荫蔽，则会使内膛多枯枝，且易滋生病虫。

枇杷是亚热带常绿果树，枝叶茂盛，生长结实，需要较多的水分，根系较浅，不耐旱，水分不足往往导致落叶，影响果实肥大。一般要求年降雨量 1000～2000 毫米，且分布均衡。果实迅速膨大期雨水过多，易发生裂果。如阴雨连绵，果实着色不良，成熟期延迟，风味变淡。

### 二、土壤条件

选择土层深厚、质地良好、疏松肥沃、土壤 pH 值 5.5～8、土壤有机质含量最好 1.5% 以上、地下水位 0.8 米以下的砂壤土或壤土。枇杷忌连作，需种植一、二年生作物，两年后再种枇杷。

## 第四节　枇杷生产栽培技术

### 一、园地规划设计

栽植前先进行园地规划和设计，包括防护林、道路、排灌系统、小区、品种配置、房屋及附属设施，合理布局并绘制出平面图。平地及坡度在 6 度以下的缓坡地，栽植行为南北向，采用长方形栽植；坡度在6~20度的山地、丘陵地，栽植行的行向与梯地走向相同，采用等高栽植。梯地水平走向应有3‰~5‰的比降。

## 二、品种和苗木选择

因地制宜选择大五星、龙泉1号、早钟6号、解放钟、大房等品种，同一小区内宜栽植2个以上的品种。枇杷不同品种间授粉结实率高，同株自花授粉结实率低，同品种株间授粉居中，枇杷自交亲和性比品种间杂交亲和性差，因此为提高产量，枇杷集约丰产栽培应配植2~3个品种。

采用枇杷实生苗作为作本砧的小苗嫁接在生产上应用十分广泛，也可采用榅桲、石楠作砧木，其中以榅桲最普遍。榅桲砧木有矮化、耐寒的优点。

合格苗木嫁接口以上1厘米处直径应达到0.8厘米，嫁接高度30厘米以上的1~2年生嫁接苗。

## 三、苗木栽植

枇杷的最佳栽植时间应是秋季9月中旬~10月下旬，春季2月上旬~3月上旬。起苗前灌透水，剪去每片叶的1/2，单株带土起苗，稻草或塑料薄膜包装，远途运输须遮盖。栽植密度以株行距3米×4米、4米×5米，计划密植2米×3米为宜。枇杷是常绿果树，在当地繁殖苗木，带土移植的成活率高，缓苗期短，进入结果期早。

栽植时挖长宽深各0.8~1.0米定植穴，表土与底土分放。回填时先回填表土，每穴分层施有机肥 30～50 千克，过磷酸钙 2.5～3.0 千克，或腐熟人畜粪 25 千克以上。回填后定植墩高出地平面 20 厘米。栽植时解除苗木上的嫁接膜，边填肥沃细土边轻轻向上提苗、踏实，使根系与土壤密接。栽植深度以土壤沉实后苗木根颈部与地面相平为准。填土后在树苗周围做直径 1.0 米的树盘，浇透定根水，用秸秆或塑料薄膜覆盖树盘。

## 四、土壤管理

### （一）深耕扩穴

熟化土壤：采果后在树冠滴水线处挖 2～4 条深、宽各 30～40 厘米的沟，将挖出的表土与腐熟的有机肥分层填入，底土放在上层，然后灌足水分。行间可间作矮秆作物、绿肥或生草。

### （二）间作和覆盖

忌间作有害枇杷的藤蔓植物和高秆作物。树盘内用作物秸秆或塑料薄膜覆盖，作物秸秆覆盖厚度为 15～20 厘米。覆盖物上压少量细土。

### （三）培土

由于土壤流失，果园土层逐渐变薄，需要培土以保护根系，增加营养，改良土壤结构。冬季用肥土加厚瘠薄果园的土层。土壤粘重的果园要加沙土，土质太沙的果园要加粘壤土，培土时要露出根颈。土层薄的，要从其他地方运肥土加厚，粘重土质要加沙土，沙土质要加粘壤土。

（四）中耕

不实行生草栽培的果园每年中耕 3～4 次，在春、夏、秋季进行，保持土壤疏松无杂草。中耕深度 8～15 厘米，坡地宜深，平地宜浅，雨季不宜中耕。

**五、施肥管理**

（一）施肥时期

幼树施好促梢肥和壮梢肥。结果树 1 年重点施好花前肥、壮果肥、采果肥。幼树勤施薄肥，以氮肥为主，氮磷钾的比例为 3∶1.5∶2.03，施肥浓度逐步增大。在枇杷幼树春、夏、秋、冬四季每次抽梢前和抽梢后 15 天施用。花前肥在秋季花前施用，2/3 有机肥，1/3 速效复合肥，施肥量占全年总施肥量的 20%～25%。壮果肥在枇杷幼果迅速膨大前施用，以优质复合肥为主，氮磷钾的比例为 1.03∶0.8∶1.0。施肥量占全年总施肥量的 20%～30%。采果肥在采果后夏梢抽发前施入，以有机肥为主，搭配优质复合肥，施肥量占全年总施肥量的 50%～60%。

（二）施肥量

中等肥力枇杷园不同树龄按表 1 配合施用。

**表 1　枇杷标准用肥量　单位：千克每 667 平方米**

| 树龄（年） | 氮（N） | 磷（$P_2O_5$） | 钾（$K_2O$） |
| --- | --- | --- | --- |
| 1～2 | 1.9 | 1.0 | 2.3 |
| 3～4 | 3～3.5 | 1.5～2.0 | 2.5～3.0 |
| 5～6 | 10～11 | 8.5～9 | 8.5～12 |
| 7～8 | 12.5～15 | 10～12.5 | 12.5～15 |
| ≥9 | 16～18 | 13.0～14.0 | 16.0～18.0 |

（三）施肥方法

土壤施肥沿树冠滴水线挖深度和宽度 20 ~ 30 厘米的环形沟、条沟或放射状沟施肥，也可多点穴施。结果树的叶面喷肥在花期、果实膨大期、采果后各喷 2 ~ 3 次叶面肥。

## 六、水分管理

（一）灌水

灌水时间一般在花期、果实膨大期和采果后，保持土壤湿度为田间最大持水量的 60% ~ 80%。可采取树盘灌溉、沟灌、喷灌、渗灌。干旱地区及丘陵区可采用穴贮肥水灌溉。

（二）排水

枇杷园要设置排水系统并及时清淤，多雨季节或果园积水时要及时排水，防止发生涝害。

## 七、整形修剪

整形修剪的原则应根据枇杷生长结果习性、品种特性、种植条件和管理水平诸因素决定树形及修剪模式。有利于早成形、早成花、早丰产、延长经济结果年限。

（一）主要树形及结构

1. 主干分层形

树高 3 ~ 4 米，干高 40 ~ 60 厘米，有中心干，6 主枝分 3 层排列。第 1 层与第 2 层的层间距为 1.0 ~ 1.2 米，第 2 层与第 3 层的层间距为 60 ~ 80 厘米，层间主枝交错分布，合理配置副主枝和枝组。

2. 开心形

树高2.0～3.0米，干高40～50厘米，主枝3个，主枝上配备副主枝，通过调整分枝角度达到主枝间的生长平衡。

3. 自然圆头形

干高40～60厘米，主枝4～6个，分两层排列，第1层3～4个主枝，第2层1～2个主枝，层间距80～100厘米，树冠呈自然圆头形。

（二）修剪时期及方法

1. 春季修剪

2～3月进行春季修剪。修剪程度宜轻。幼年树采用抹芽的方法抹去多余的芽，选留方向、位置适宜的芽。成年结果树通过疏芽减少枝梢数，使结果枝组充实健壮。对大年树的结果枝进行疏删，保持全树生长枝与结果枝的比例为2:3。

2. 夏季修剪

采果后立即进行，是枇杷最重要的一次修剪。疏去病虫枝、密生枝、干枯枝、光秃枝、回缩衰弱枝、短截结果枝和结果母枝；对徒长枝应根据树冠空间大小酌情疏删、短截或拉枝。

3. 秋季修剪

即现蕾期修剪。疏除病虫枝、密生枝、徒长枝、下垂枝；调整结果枝与营养枝的比例。

4. 修剪方法

（1）抹芽：在发芽前将位置合适、健壮的芽留下，抹去多余的芽。这样做可以节约养分，使幼树的树形符合要求，具有强健的骨干枝，使成年结果树留枝适度，枝条健壮，提高果实品质。抹芽的时间在每次抽梢前，通常分 2 ~ 3 次进行。抹芽不能过重，否则会削弱树势。

（2）疏枝：将枝条从基部剪去称为疏枝。疏枝减少了枝量，可缓和树势，调节结果量，改善树冠的通风透光。

（3）短剪：剪去枝条的一部分，促进下部分枝，以调节树势，控制树冠。根据程度的轻重分为轻截、中截及重截。轻截只剪去 1 年生枝顶端的一小部分，以削弱顶端优势，缓和树势和枝势，促进基部枝条的生长；中截剪在 1 年生枝条的中上部的饱满芽上，使其抽生旺枝，用于培养枝组；重截剪到 1 年生枝的中下部或近基部，多用于改造徒长枝。

（4）回缩：剪去多年生枝条或枝组的一部分，用于更新修剪。

（5）撑、拉、吊：是借助小木棍或树枝撑开枝条，用绳索将枝条拉在树干上，或用重物将枝条吊住以改变枝条方向、加大角度的做法。目的是削弱顶端优势，促进结果或根据整形需要。

（6）扭梢及拿枝：手执枝条下部将其扭曲称为扭梢；手执枝条下部往顶端边弯曲边推拿，使其发出轻微的响声但不折断称为拿枝。这两种操作都对木质部有一定的伤害，阻碍上下养分的运输。其目的是破坏顶端优势，增加枝条上部营养积累，促进结果。在幼树生长旺盛时可采用。

## 八、花、果管理

### （一）疏穗

疏穗时间宜在能看清全树的花穗，而花穗的支轴尚未分离前进行。疏去幼树主枝、副主枝及中央主干先端的花穗；盛果期树按全树生长枝与结果枝 1∶2 的比例进行疏穗。有冻害的地区适当多留花穗。

### （二）疏蕾

花穗的支轴刚分离时进行疏蕾，根据冻害情况确定疏蕾量。没有冻害的果园或冻害极轻的地区可将花穗大多数支轴剪去，只留下部 1～2 个健壮的支轴。冻害较轻的地区剪去花穗的大多数支轴，仅留下部或中部 2～4 个支轴，并摘除留下的每支轴的先端，留其上的小支轴 1～3 个。在可能有冻害的地区剪去花穗上部的 1/2，再摘除每支轴的先端，留其上的小支轴 1～3 个。

### （三）防花、果冻害

冬季气温较低的产区，花期喷 0.15%～0.25% 的硼砂，提高坐果率；幼果初期每 15～20 天喷施 1 次 0.20%～0.25% 尿素加 0.20%～0.25% 磷酸二氢钾，提高抗寒力；秋末冬初雨后浅中耕后覆盖地膜或秸秆，提高土温；气温下降到 -2℃ 时，可采用熏烟防冻，每亩果园放 5～6 个熏烟火堆；有条件的果园可进行设施栽培，防止冻害。

### （四）疏果

无冻害的地区在能分辨出果实发育的好坏时进行，有冻害的地区在冻害发生之后 10 天进行。先疏去畸形果、病虫果、伤果及受冻果，然后分 2～3 批疏去较小的及多余的幼果。大五星、龙泉 1 号、早钟 6 号和大房等中型果品种在 1 个果穗上留 2～3 个果，解放钟等大果型品种每果穗留 1～2 个果。

（五）果实套袋

在最后一次疏果后进行套袋。先喷洒 1 次防治病虫害药剂，然后套专用果袋。

## 九、病虫害防治

（一）农业防治

因地制宜，选择抗性品种和砧木；引进品种要进行严格的植物检疫；平地栽培要深沟高厢，降低土壤湿度；合理整形修剪，改善果园通风透光条件，剪去病虫枝、干枯枝、衰弱枝、交叉枝、重叠枝、下垂枝，合理利用徒长枝，将剪下的枝和果园落叶、杂草、枯枝集中烧毁；冬季树干涂白；强化果园肥水管理，增施有机肥，增强树势，提高抗病虫能力。

（二）生物防治

保护和利用天敌，以虫治虫；利用生物源农药防治病虫害；利用性诱剂集中诱杀或阻碍成虫交配产生后代；采用人工捕杀害虫，刮除附着在表皮的病虫害。

（三）物理防治

利用害虫成虫趋光性，使用黑光灯、频振式杀虫灯等光源性器具诱杀害虫；利用糖醋液、调色板、防虫网或树干上缠草把诱杀成虫。

（四）化学防治

加强病虫预测预报，掌握果园病虫害发生情况；选择使用与环境友好，高效低毒低残留的农药，提倡使用生物源和矿物源农药；轮换使用不同作用机理的农药，严格控制每年施用同一种农药次数，不随意提高农药使用倍数；选用合适的喷药器械；严格执行农药安全间隔期；具体方法按照 GB/T8321、DG51/337 标准执行。主要病虫害的防治时期与方法见附录表 2－1。

## 十、果实的采收和采后处理

### （一）采收

在果实充分表现出该品种固有色泽、品质最佳时采收。个别品种，供贮藏、远销及加工用的果实，可在八成到九成熟时采收。避免在雨天及烈日下采收。不同的品种应分别采收。套袋果连袋一起采，选果时去袋。采果时用果剪带果柄轻轻剪下果实，尽量避免擦掉果面茸毛，防止碰伤、捏伤、刺伤和摔伤果实。

### （二）分级包装

按国家标准 GB/T13867 或按买方的要求分级包装。装箱时对果柄进行第二次复剪，果柄长度小于或等于 0.5 厘米。卫生质量应符合 DB51/335 的质量标准。

**表2-1　枇杷主要病虫害防治表**

| 病虫害种类 | 防治适期 | 推荐药剂及浓度 | 安全间隔期（天） |
| --- | --- | --- | --- |
| 叶斑病类 | 2~10月 | 10%噁醚唑2000~3000倍 | 10 |
| 炭疽病 | 果实生长期、高温分雨期 | 70%百菌清300~1000倍 | 7 |
| | | 70%甲基托布津1000倍 | 30 |
| | | 70%甲基托布津1000倍 | 30 |
| | | 80%代森锰锌500~800倍 | 20 |
| | | 64%杀毒矾1000倍 | 20 |
| 胡麻色斑病 | 春秋季阴雨连绵期 | 10%噁醚唑2000~3000倍 | 10 |
| | | 62.25%晴菌唑·锰锌500~800倍 | 21 |
| | | 2%春雷霉素500倍 | 7 |
| 枝干腐烂病 | 温暖多雨季节 | 25%咪鲜胺500~800倍 | 8 |
| | | 80%代森锰锌800~1000倍 | 10 |
| | | 50%多菌灵500~800倍 | 7 |
| | | 石硫合剂3~5波美度刷枝干 | |
| 花腐病 | 开花期 | 10%噁醚唑2000~3000倍 | 10 |
| | | 80%甲基托布津10000倍 | 10 |
| 污叶病 | 梅雨季节 | 80%甲基托布津1000倍 | 10 |
| | | 50%多菌灵500倍 | 7 |
| 梨小食心虫 | 春秋季 | 3%啶虫脒1000~2000倍 | 28 |
| | | 10%吡虫啉2000~3000倍 | 14 |
| 桃蛀螟 | 10月~翌年3月 | 2.5%三氟氯氰菊酯3000倍 | 21 |
| | | 2.5%溴氰菊酯2000倍 | 28 |
| 蚜虫 | 5~10月 | 3%啶虫脒1000~2000倍 | 28 |
| | | 10%吡虫啉2000~3000倍 | 15 |
| | | 48%毒死蜱1000~1500倍 | 30 |

续表

| 病虫害种类 | 防治适期 | 推荐药剂及浓度 | 安全间隔期（天） |
|---|---|---|---|
| 枇杷若甲螨 | 5~10月 | 1.8%阿维菌素1000~2000倍 | 14 |
| | | 5%噻螨酮2000倍 | 30 |
| 木虱 | 花果生长发育期 | 10%联苯菊酯4000~5000倍 | |
| | | 10%吡虫啉4000倍 | |
| 红、黄蜘蛛 | 3~5月<br>7~10月 | 1.8%阿维菌素1000~2000倍 | 14 |
| | | 5%噻螨酮2000倍 | 30 |
| | | 73%丙炔螨特2500~3000倍 | 15 |
| | | 15%哒螨灵2000~2500倍 | 15 |

注：如有高效低毒低残留的生物、化学新药，应优先选用。

# 第三章 芒 果

芒果被誉为“热带果王”。四川芒果主产于攀西地区，该区域光热资源十分丰富，其独特的生态条件是我国优质晚熟芒果的最适种植区。2005 年四川芒果面积 9.4 万亩，产量 0.83 万吨。世界各国和我国其他芒果生产区的芒果成熟期均在 5 ~ 7 月，而四川的晚熟芒果主要成熟期在 9 ~ 10 月，此时国际市场芒果早已脱销，晚熟芒果占据了季节优势，畅销且价格好，具有市场优势。

## 第一节 主要栽培品种及新引进品种

1. 台农一号芒

台农一号芒是台湾省农试所凤山园艺试验分所选出的优良品种。该品种树冠紧凑，树枝短而粗，叶窄小。椭圆形，花序圆锥形，花梗浅绿色，果实扁圆形，单果重 250 ~ 300 克。成熟果皮橙黄色或金黄色，带淡红晕，果肉橙黄色，肉质细嫩、汁多、香味浓郁，可溶性固形物含量 18% ~23%，可食率 70% ~74%，含糖量 20.4%，含酸量 0.14% ~0.32%，每 100 克果汁含 29.27 毫克维生素 C。成熟期 7 月下旬至 8 月下旬。抗风、抗低温、抗阴雨，有多次开花特性，最适宜的开花温度为 24℃ ~28℃，丰产性好。果实皮较厚，极耐贮运，货架寿命长，是适宜外销的优良品种。对土壤要求不严格，除碱性土壤外的土壤均可种植。在攀西地区则可选择水源较好、地势平缓，海拔 1400 米以下的芒果适栽区进行种植，花期注意防治白粉病。

2. 椰香芒

椰香芒原产印度，为该国主要商业栽培品种之一。20 世纪 70 年代引入我国，编号：909，俗称“鸡蛋芒”。该品种喜光照充足的环境，在干热地区栽培会获得好收成，在多雨地区则不稳产或低产。

椰香芒嫁接苗定植后 3 年结果，一般 7 月采收，果实卵形至长卵形，果实均匀一致，果形指数 1.7，平均单果重 320 ~360 克，最大果重可达 520 克。成熟时果皮绿色，光照好的呈现淡黄色或黄色。果肉橙黄色至橙红色，肉质腻滑，味浓香甜，具椰乳芳香，品质优良，几无纤维。可溶性固形物含量 20.5%，总糖量 17.7% ~19.17%，总酸量 0.075% ~0.098%，每 100 克果汁含 28.23 ~31.08 毫克维生素 C，可食率 69% ~76%。该品种果皮中等，抗果实蝇危害，也较耐运输。

该品种结果枝条易衰竭，而当年抽梢少，易导致大小年结果，在栽培时要加强水肥管理和修剪，注意调节产量，以利连年结果。

3. 吉禄

吉禄原产美国佛罗里达州，从哈登的实生树中选出。20 世纪 80 年代由湛江南亚所从澳大利亚引进。树势壮旺，树干光滑，树冠圆头形、紧凑，枝粗壮，花序圆锥形，花梗红色，两性花多，坐果率高，果实宽椭圆形，单果重 350～400 克。成熟果皮底色黄色，盖色鲜红。果肉橙黄色、多汁、纤维极少、浓香甜蜜，可食率为78%～84%，可溶性固形物含量14%～19%，品质优良，成熟期为 8 月。该品种高产、稳产，果形外观优美，是攀西地区优选种植的晚熟品种。其缺点是后期易感烟煤病，应选择工业污染小的坡地建园，并注意挂果期的修剪。

4. 凯特

凯特原产美国佛罗里达州，从印度 Mulgoba 实生树中选出，以高产优质著称。该品种生长势旺，树冠开张，枝条长而粗壮，叶宽椭圆披针形、大而稀，花序圆锥形，花梗红色，果实宽卵形，单果重 800～1050 克，果皮红色。果肉橙黄色，质地细腻，纤维少，味甜多汁，可食率 79%～84%，可溶性固形物含量 14%～17%，每 100 克果汁含 14.07 毫克维生素 C，晚熟品种，成熟期 8 月下旬至 10 月初，丰产，耐贮运。该品种适宜在攀西地区温度条件好，海拔 1400 米以下的干热河谷区种植，可获得较高的产量和较好的品质。由于该品种生长势旺，应加强整形修剪。在 6～9 月的雨季中应加强病虫害防治。

5. 爱文

爱文原产美国佛罗里达州，从印度第3代 Lippens 实生树中选出，20世纪80年代引入我国。树冠圆头形，花序圆锥形，花梗浅红色。开花期一般在2~3月份，当顶生花穗遇到较长期的低温阴雨天气影响后，又能从花穗的基部重新抽花穗，再生开花期一般在4月上旬，两性花比例高。果实较大，果卵肾形，单果重320~410克，果皮底色橙黄色，盖色为鲜红，果肉厚、橙黄色、纤维极少、肉质细嫩、松节油味淡、口感好，果汁丰富，品质佳，可食率78%~85%，可溶性固形物含量13%~17%，每100克果汁含维生素C 38.6毫克，成熟期7月。该品种花期遇低温、阴雨会产生许多无胚果，影响产量和品质，建园时应以坡地或缓坡地为佳，注意疏果和挂果期修剪。

6. 圣心

圣心原产美国佛罗里达州，该品种的植物形态、物候期和果实性状极似吉禄品种，其区别为圣心果实短圆形，果嘴稍突起，成熟期更晚，为9月至10月上旬。中型果，果皮大红色，表皮光滑，单果重280~340克，果肉淡黄色，质地幼嫩，纤维极少，味甜、清香、风味佳，品质上乘。该品种极其丰产稳产，果形美观，大小均匀适中，是不可多得的晚熟良种。攀西地区应选择光照条件好、热量条件高、水源充足的坡地和缓坡地建园，加强疏花疏果管理。

7. 海顿

海顿又名哈登，原产美国佛罗里达州，是从印度

Mulgoba 实生树中选出。果实卵圆形，单果重 380 ~ 510 克。成熟果皮橙黄色，果肉质地稍粗，纤维少，味甜、香味浓，品质上等，果实耐贮运。可食率 81% ~ 85%，可溶性固形物含量 12% ~ 15%，果汁中可溶性总糖量 11.98%，总酸量 85.3 克每千克，每 100 克果汁含维生素 C 13.4 毫克，成熟期 7 月。该品种宜在高温干旱而阳光充足的地方栽培，在多雨地区栽培，产量和颜色均不稳定，因此，该品种适宜攀西地区种植。其不足是结果树易衰老，选择水源好的地方建园并加强施肥管理，花期注意防治白粉病；栽培中应注意修剪，复壮树势；控制产量，保持树体营养平衡。

8. 吕宋芒

吕宋芒原名卡拉宝，又称蜜芒、金钱芒。原产菲律宾，为该国主要栽培和出口品种，以品质优秀而誉满全球。在攀西地区栽培表现有早结果、丰产、稳产、优质、耐贮运和货架寿命长的特点。嫁接苗后 3 年结果，5 ~ 6 年生树亩产 600 千克以上。果实 7 月中下旬成熟，果实长卵形至椭圆形，果形指数 1.7，果顶较尖小，果喙明显而尖小是该品种的重要特征。果皮光滑，金黄色，常有果粉，外观华美，平均单果重 185 ~ 250 克。果肉金黄色或深黄色，组织致密，肉质腻滑，味甜微酸，纤维极少，食用品质优。果实可溶性固形物含量 18% ~ 20%，总糖量 16.1% ~ 17.63%，总酸量 0.64% ~ 0.92%，每 100 克果汁含维生素 C 42.3 ~ 47.96 毫克，是维生素 C 含量较高的品种，可食率 76% ~ 77%，种子重占果重的 10% ~ 13%。其不足之处是对低温阴雨天气适应性较差，嫁接成活率低。

9. 马亚

20世纪90年代从以色列引入攀西地区。树势中等，枝条长度中等，叶蓬分散。果实圆形，果皮鲜红亮丽，果肉浅黄色，肉质致密、多汁，略带松节油味，单果重260~330克，可食率76%~82%，可溶性固形物含量15%~18%。栽培中的注意事项同“哈登”。

10. 肯特

肯特原产美国佛罗里达州。果实卵圆形，单果重480~575克，成熟果皮黄绿至杏黄色，盖色深红。果肉橙黄色，质地细滑，多汁，纤维少，可食率74%~79%，可溶性固形物含量14%~17%，风味浓郁且香甜，果实成熟期8月，较耐贮运。该品种产量高、枝条密集，适合攀西地区热量条件高的地方种植。缺点是抗风性差。

11. 汤米·阿京斯

20世纪90年代从以色列引入攀西地区。树势旺盛，枝条长、分散。果实圆形，果皮鲜红亮丽，果肉浅黄色，肉质致密、多汁，略带松节油味，单果重460~510克，可食率79%~83%，可溶性固形物含量15%~19%。不足是易感炭疽病，栽培中应注意修剪和疏果工作。

## 第二节　建　园

### 一、园地选择

园地应选择在生态环境良好、远离污染源、周围没有与芒果染病属性相同的树丛、具有可持续生产能力的农业生产区域。

1. 气候条件

适宜的年平均气温为19℃～22℃，最低月平均气温不低于10℃，绝对最低气温不低于－1℃，年日照时数不低于1500小时，无霜期不低于320天。

2. 土壤条件

土壤质地以排水良好、土层深厚的砂壤为佳，pH值5.5～7.0，有机质含量不低于1.5%。

3. 产地环境

(1) 环境空气质量　环境空气质量要求见表3－1。

**表3－1　无公害芒果产地环境空气中污染的浓度限值**

| 项　目 | | 浓度限值 | |
| --- | --- | --- | --- |
| | | 日平均[a] | 1小时平均[b] |
| 总悬浮颗粒物 | ≤ | $0.3mg/m^3$ | — |
| 二氧化硫 | ≤ | $0.15mg/m^3$ | $0.5mg/m^3$ |
| 二氧化氮 | ≤ | $0.12mg/m^3$ | $0.24mg/m^3$ |
| 氟化物 | ≤ | $1.80\mu g/(dm^2 \cdot d)$ | — |

注：a. 日平均是指任何一日的平均浓度。

b. 1小时平均是指任何1小时的平均浓度。

（2）灌溉水质量　灌溉水质量要求见表3－2。

表3－2　无公害芒果产地灌溉水中污染物的浓度限值

| 项　目 | | 浓度限值 |
|---|---|---|
| pH值 | | 5.5～7.5 |
| 总汞 | ≤ | 0.001 mg/L |
| 总镉 | ≤ | 0.005 mg/L |
| 总砷 | ≤ | 0.10 mg/L |
| 总铅 | ≤ | 0.10 mg/L |
| 六价铬 | ≤ | 0.10 mg/L |
| 氟化物 | ≤ | 3.0 mg/L |
| 氰化物 | ≤ | 0.50 mg/L |
| 石油类 | ≤ | 10 mg/L |

（3）土壤环境质量　土壤环境质量要求见表3－3。

表3－3　无公害芒果产地土壤环境中污染物的含量限值

单位：毫克/千克土壤

| 项　目 | | 浓度限值 | | |
|---|---|---|---|---|
| | | pH＜6.5 | pH 6.5～7.5 | pH＞7.5 |
| 镉 | ≤ | 0.30 | 0.30 | 0.6 |
| 总汞 | ≤ | 0.3 | 0.5 | 1.0 |
| 总砷 | ≤ | 40 | 30 | 25 |
| 铅 | ≤ | 250 | 300 | 350 |
| 铬 | ≤ | 150 | 200 | 250 |
| 铜 | ≤ | 150 | 200 | 200 |

## 二、园地规划

园地规划包括品种布局、小区划分、道路及排灌系统设置、防护林营造、分级包装车间建设等。以方便栽培管理、肥料和农药运输、采果、运果、选果等操作，并保证树体良好生长。同一地块应种植单一品种，避免混栽不同成熟期品种。

平地及坡度在6度以下的缓坡地，采用等高撩壕种植，栽植行南北向；坡度在6~20度的山地、丘陵地应建梯田种植，栽植行沿等高线延长；大于20度的坡地不宜种植。

## 三、建园

### （一）品种和砧木选择

#### 1. 品种选择

根据气候和立地条件，结合品种的类型、成熟期、品质、耐贮运性、抗逆性等生产因素同时考虑市场、交通、消费和社会经济等综合因素统筹制定品种规划方案。

#### 2. 砧木选择

以种子饱满的单胚品种为主，如大核芒、龙眼香芒、三年芒等，不能从发现芒果果核象甲的地区调种。砧木种子剥壳后，需经杀菌剂处理，再播种催芽。

### （二）苗木质量

苗木的基本质量要求见表3-4。

表3-4 苗木质量基本要求

| 项目 | 要求（1年生嫁接苗） |
|---|---|
| 品种与砧木 | 纯度≥95% |
| 苗木高度 | ≥80cm |
| 苗木嫁接口上5cm处粗度 | ≥0.6cm |

续表

| 项　目 | 要　求<br>（1年生嫁接苗） |
| --- | --- |
| 嫁接口愈合程度 | 良好，无瘤状突起 |
| 茎倾斜度 | ≤15° |
| 枝干病虫害 | 无流胶病和裂皮，特别是无检疫对象的病虫害 |
| 分枝级数 | ≥2个 |

（三）栽植

1．定植时期

春季萌发新梢至入冬前（3～10月）均可栽植，以夏秋两季（6～9月）栽植为宜；在干旱地区，宜在雨季晴天栽植，并灌足定根水。

2．密度

栽植密度应根据园地的立地条件（包括气候、土壤和地势等）、品种、整形修剪方式和管理水平等而定，一般采用宽行窄株定植，株行距为3米×4米～5米或4米×5米～6米；计划密植园株行距为3米×3米。同一地块最好种植单一品种，避免混栽不同成熟期的品种。

3．方法

定植穴大小宜为80厘米×80厘米×100厘米见方，在砂土或砖红壤、山地等瘠薄地可适当加大、加深。栽植穴或栽植沟内施入的有机肥应符合无公害生产的肥料，每穴25～40千克，并分多层压入。

栽植前，对苗木根系用70%百菌清或50%多菌灵600～800倍液进行消毒。栽苗时将芒果苗置于穴中间，将根系舒展开，苗干扶正，边填细土边轻轻震动，上提树苗，踏实根系周围土壤，使根系与土充分密接；栽植深度以土壤下沉后，根颈部与地面相平为宜；在树苗周围做成直径 0.8 ~ 1.0 米的树盘，淋足定根水；在旱季栽苗后应用稻草、薄膜等覆盖保湿。

## 第三节 栽培管理

### 一、土肥水管理

（一）土壤管理

1. 深翻扩穴

每年 9 ~ 10 月结合秋施基肥深翻扩穴。在定植穴（沟）外挖环状沟或平行沟，沟宽 50 厘米，深 30 ~ 60 厘米。土壤回填时混入有机肥，然后充分灌水。

2. 中耕除草

7 ~ 9 月，及时中耕除草，将草埋入土壤，中耕深度为 8 ~ 15 厘米。

3. 覆盖

覆盖材料可用麦秆、稻秆、玉米秆、干草等农作物秸秆进行全园覆盖或树盘覆盖。厚度 10 ~ 15 厘米，上面可压少量土，冬季可用地膜覆盖树盘。

4. 种植绿肥和行间生草

提倡果园免耕生草制。种植的间作物应与芒果树无共性病虫害的浅根、矮秆非攀缘植物，以豆科植物（白三叶、紫花苜蓿等）和禾本科（黑麦草等）以及其他蜜源植物为宜或行间生草，但间作物应离芒果树基部1米以上，草种选择要求矮秆或匍匐生，与芒果树无共性病虫害，生育期短。适时刈割翻埋于土壤或覆盖于树盘。

（二）施肥

1. 施肥原则

根据园地土壤大、中、微量元素含量丰缺和芒果营养特点，增施有机肥，合理使用化肥，推行平衡施肥技术。化肥、有机肥和微生物肥配合使用。

2. 允许使用的肥料种类

（1）有机肥料　包括堆肥、沤肥、厩肥、沼气肥、绿肥、作物秸秆肥、泥肥、饼肥等农家肥和商品有机肥、有机复合（混）肥等。农家肥的卫生指标应符合无公害生产的要求。

（2）腐殖酸类肥料

（3）化肥　包括氮、磷、钾等大量元素肥料和微量元素肥料及其复合肥料等。不使用硝态氮肥。

（4）微生物肥料　包括微生物制剂及经过微生物处理的肥料。

3. 使用肥料中应注意的事项

制作堆肥用的农家肥应经50℃以上发酵5~7天，充分腐熟后才能使用。禁止使用未经无害化处理的城市垃圾或含有重金属、橡胶和有害物质的垃圾；不宜使用含氯化肥和含氯复合肥。土壤追肥的化肥应在采果前30天停止施用，叶面追肥的化肥应在采果前20天停止施用。

4. 幼树施肥

在施足基肥的情况下，定植当年少施或不施化学肥料。定植后第2年和第3年分别于3月、5月、7月和9月各施追肥1次，每次施肥量为尿素100～200克每株，硫酸钾100～200克每株或三元复合肥200～300克每株。最好用稀薄腐熟粪水或沤肥与化肥交替使用，减少化肥使用量，每株施用粪水15～20千克。

5. 结果树施肥

（1）采果肥　占全年施肥量的40%，其中有机肥占80%；将长效磷肥全部施入，其他肥占40%。推荐施肥量按每株施厩肥20～30千克，三元复合肥0.5～1千克，钙镁磷肥0.5～1千克，纯氮0.05～0.1千克。在采果前或采果修剪后以秋施为主，早熟品种适当提前施用。施用方法以沟施为主，施肥部位在树冠滴水外缘处。施肥方法为挖放射状沟、环状沟或平行沟，沟深20～45厘米，以达到主要吸收根系分布层为宜。

（2）壮花肥　占全年施肥量的20%，根据不同品种的花期，一般在1～2月进行。以土壤追施为主，根外追肥为辅。推荐施肥量为三元复合肥0.2～0.4千克，纯氮0.05～0.1千克。

（3）壮果肥　占全年施肥量的40%，在谢花后30～40天施用。推荐施肥量为三元复合肥0.3～0.5千克，钾0.5千克，粪水1～2次，每株每次10～15千克。

（4）叶面追肥　在秋梢转绿期、花蕾期、幼果发育期各追施2～3次，间隔期7～10天。叶面肥种类见表3－5。

表 3－5　叶面肥种类

| 项　目 | 种　类 |
| --- | --- |
| 生长辅助类 | 青丰可得、云台素、万得福、绿丰宝、爱多收、迦姆丰收、施尔得、云大 120、2116、奥普尔、高美施、惠满丰等 |
| 微量元素类 | 含有铜、铁、锰、锌、硼、钼等微量元素及磷酸二氢钾、尿素、氯化钾等配置的肥料 |

（三）水分管理

1．灌溉

要求灌溉水无污染，水质应符合无公害生产的规定。在芒果秋梢抽发期、花芽分化期、果实发育期如遇旱应及时灌水，推荐 15～20 天灌水 1 次。有滴灌设施的果园，推行灌溉施肥技术。在水源较紧的果园可安装简易管网灌溉设施，必要时建设提水设施，小果园可配置移动式小水泵；大型果园尽量采用滴灌或微喷灌系统。

2．排水

设置排水系统，在多雨季节通过沟渠及时排水。

## 二、整形修剪

（一）整形

1．自然圆头形

干高 60～70 厘米，选留 3 个主枝，在主干上间隔 5～10 厘米错落分布；主枝分枝角度在 40～50 度；每个主枝配置 2 个侧枝，呈顺向排列。第 1 侧枝距主干 30～40 厘米，第 2 侧枝距第 1 侧枝 30～40 厘米，侧枝开张角度 40 度左右。此树形没有中心主干，适宜干性中等的品种。

2. 分层塔形

苗高60～70厘米定干，选留1分枝作中心主干，第1层分枝3条，均匀分布，各层侧枝培育与圆头形类同。主干长至距第1层主枝1.2～1.5米时，短截分枝培育第2层主枝，第2层主枝留3～4条，其上着生侧枝2～3条，距第2层主枝20厘米。此树形适宜干性强的品种或适宜密植。

（二）修剪

1. 修剪原则

（1）幼树修剪　1～3年生幼树，以整形为主，修剪为辅，尽快扩大树冠，完成基本整形，缓和树势，迅速形成各类结果枝。修剪以轻剪为主，剪去弱枝、密生枝、阴蔽枝和病虫枝。

（2）结果幼树的修剪　树体既要扩大树冠又要开花结果，因此，宜轻剪。仅对局部生长的过密枝、位置不当的徒长枝和交叉枝适当疏剪，剪除病虫枝和枯枝。谢花后的未结果枝和采果后的花枝应及时从密节芽以下进行回缩修剪，促发新梢，从新梢中选留2～3条即可，其余尽早抹除。

结果少的植株易抽生春梢和夏梢，应对其进行适当修剪，以减少养分竞争，利于果实生长发育；对不结果或结果很少的旺长树，适当短剪部分长势较强的枝条，削弱营养生长，增加末级梢，为翌年开花结果打下基础。

（3）成年结果树修剪　维持树势，均衡主、侧枝生长势；枝梢错落有序、通风透光；培养与更新枝组相结合，防止枝组老衰和内膛光秃，缓和生长与结果间逐渐激化的矛盾。从总体上改善果园的通风透光条件，增大结果面积，增进果实着色和提高品质。一是要回缩树冠周围的过长枝和株行间的交叉枝，保持株行间的间隙；二是剪除树冠中部的错乱枝、阴弱枝、徒长枝、病虫枝和枯枝等，使树冠内膛适度中空；三是对树体高大、枝叶茂密的树冠顶部应进行重点回缩（开天窗），降低树体高度，使树冠顶部透光；四是回缩树冠下部已结果的下垂枝。

（4）老、弱树更新修剪　对树冠局部更新，采用疏剪和短截相结合，培养新树冠，提高产量和品质。对树体高大的低产树，在采果后只锯除中心干枝，剪除或回缩生长偏中心的内堂枝组，使内膛开心，同时对周围较长的大侧枝在距主干 40～60 厘米处回缩，并结合肥水管理和病虫防治，恢复树势，培养新结果枝组。

（5）晚熟品种结果树修剪　晚熟品种成熟期晚，易出现大小年结果和“老茎结果”现象。采用轮换结果技术，可有效克服大小年结果现象和延缓树体衰老速度。

在花芽分化前约两个月（11 月上中旬）删除过密枝、阴弱枝、徒长枝、病虫枝和枯枝等，每枝留 1～2 个梢；于谢花后果实横径约 3 厘米时，选留挂 3～5 个芒果的结果枝，占总结果枝数的 50%～60%，短剪多余的、结果少的或没有结果的结果枝等，将其培养成为翌年的结果枝。

2. 修剪的时期

芒果树修剪分采果后修剪和生长期修剪。采果后视结果枝的强弱进行适当的回缩修剪；生长期修剪在整个生长季节均可进行，包括秋梢修剪、花期修剪和夏梢修剪，主要是抹芽、疏梢、短截、疏穗、疏花和疏果。另外还应回缩修剪树冠周围的过长枝和株行间的交叉枝。

3. 修剪方法

（1）短截　将长果枝截去 1/3～1/2，中果枝截去 1/2，徒长枝和徒长性结果枝适度短截培养大、中型结果枝组。从密节芽以下短截未结果花枝。

（2）回缩　将多年生枝或枝组剪短或剪小。主要用于复壮枝组，降低结果部位，增强弱枝的生长势；或对大枝堵头，促使下部枝复壮。

（3）疏枝　疏除过密枝、纤弱枝，以改善树冠通风透光条件。各级骨干枝上一般间隔 20 厘米保留 1 枝结果枝。

（4）抹芽除萌　芽萌发后抹去背上多余的徒长芽，剪口和锯口下无用的丛生芽，选留位置、角度、长势合适的芽。

（5）摘心　摘除新梢顶部一段幼嫩部分。一般在新梢长到 20～30 厘米时摘心。

（6）扭梢、拿枝、拉枝　扭梢是对直立性强的徒长枝、竞争枝扭转压平，以削弱其长势，改造成结果枝组；拿枝是对竞争枝、强旺枝，用双手自基部向上逐渐挪动，伤其木质部而不折断，抑制生长，改变角度；拉枝是在生长季节调整骨干枝角度、方位。

## 三、花果管理

### （一）保花保果

1. 保护花穗

早春花穗抽发期，注意防治白粉病、炭疽病、蚜虫和扁喙叶蝉。

2. 饲养授粉昆虫

初花期（果园30%的植株初现花蕾），在果园放置新鲜猪肝、猪心肺及发酵的鸡饲料等吸引丽蝇，每20～30株树放置1～2个。开花期尽量减少使用杀虫剂。授粉期后，再杀灭丽蝇。

3. 人工授粉

在花期每日或隔日的上午8～10时采集花粉，用花粉+0.1%硼砂+15%蔗糖+水对成混合液，于当日上午8～10时喷洒花穗。

4. 保果

使用植物生长调节剂时应按规定的使用浓度、使用方法和使用时间，不应使用未经国家批准登记和生产的植物生长调节剂。

在谢花后使用20～30毫克/L的防落素、20～40毫克/L的赤霉素或加入0.2%的磷酸二氢钾进行喷施，对提高坐果率和控制落果有一定作用。

5. 控制早花

对1月份前开的不能正常结果的早花，必须采取控制措施。以下3种措施配合使用效果更佳。

摘花　花穗抽出长5厘米以内时，从花穗基部摘除整个花穗。

适量灌溉　在11~12月和1月酌情灌水2 ~3次。

喷生长调节剂　从第2次秋梢老熟（11月下旬）用50 ~100毫克/L赤霉素（920），每15天喷1次，连续喷2~3次。

（二）疏花和疏果

1. 原则

根据品种特点和果实成熟期，通过整形修剪、疏花、人工授粉、疏果等措施调控产量，一般每667平方米控制在1500~2000千克。

2. 时期

疏花在花序抽生期至盛花期进行；对开花率达末级梢数80%以上的树，保留70%以下末级梢着生花序，其余花序从基部剪除，对较大的花序剪除基部1/3~1/2的侧花枝；疏果在谢花后2~4周内进行。

谢花后至果实发育期，剪除不挂果的花枝以及妨碍果实生长的枝叶；剪除幼果期抽出的春、夏梢。

3. 疏果方法

疏果先内后外，先上后下；疏除小果、过密果、畸形果、病虫果；长果枝留3~4个，中果枝留2~3个，短果枝、花束状结果枝留1~2个或不留。同时从密节芽以下短截未结果花枝，剪除结果花序未挂果部位。

（三）果实套袋

1. 套袋时期和方法

在谢花后40~50天或第2次生理落果后及时套袋，红色品种可适当晚套袋或采用透光袋。套袋前仔细喷1

~2次杀菌和杀虫混合剂，套袋顺序为先早熟后晚熟，坐果率低的品种可晚套袋，减少空袋率。套袋时封口处距果实基部果柄着生点5厘米左右，将袋口依次卷成螺旋状，并紧贴果梗，封口用细铁丝扎紧，避免带菌雨水侵入污染果面。袋底的漏水孔应朝下，以便排出袋中积水。

2. 解袋

解袋一般在采收前10~15天内进行；不易着色的品种和光照不良的地区可适当提前解袋。红色品种可采收前10~15天除袋增色，黄色品种可随袋采摘。解袋前，单层袋先将底部打开，逐渐将袋去除；双层袋应分两次解完，先解外层，后解内层。果实成熟期雨水集中的地区，裂果严重的品种也可不解袋。

3. 促进果实着色

红色品种取袋后立即喷1次低毒杀菌剂和杀虫剂的混合液防治病虫害，疏除妨碍果实着色的枝叶，增加果实光照，促进果面着色；另外，可用石硫合剂或波尔多液喷洒果面，既防治病害，又促进果面着色，增加果粉。

4. 立支柱吊果

在果实膨大期对结果较多的树，可在树冠周围搭一四方形框架，将结果枝托起；结果较少的树，可在树中央主干上绑一根木棒，用绳将结果枝吊起。避免果实着地染病和被污染。

## 四、病虫害防治

### （一）农业防治

因地制宜，选择抗性品种和砧木；科学整形，合理修剪，保持树冠通风透光良好；冬季清园，可用剪除病虫枝、清除枯枝落叶、翻树盘、地面覆盖、科学施肥、合理负载等措施增强树势，抑制或减少病虫害的发生。

### （二）物理防治

根据病虫生物学特性，采取糖醋液、黑光灯、频振式杀虫灯、树干缠草把、粘着剂和防虫网等方法诱杀害虫。

### （三）生物防治

保护瓢虫、草蛉、捕食螨等天敌；利用有益微生物或其代谢物，如利用昆虫性激素诱杀。

### （四）化学防治

根据防治对象的生物学特性和危害特点，在病虫测报的基础上，使用与环境友好，高效、低毒、低残留的农药，并交替使用农药。提倡使用生物源农药和矿物源农药；禁止使用剧毒、高毒、高残留和致畸、致癌、致突变农药。使用化学农药时严格按照 DB51/337、GB/T8321 的要求控制施药量与安全间隔期，并遵照国家有关规定。

### （五）芒果主要病虫害的防治

芒果主要病虫防治见表 3－6。

**表 3－6　芒果主要病虫防治表**

| 时间及生育期 | 主要病虫 | 推荐药剂及使用方法 | 其他防治方法 |
| --- | --- | --- | --- |
| 11～12 月<br>花芽<br>分化期 | 各种越冬病虫 | 喷 1～2 度波美石硫合剂、2% 波尔多液各 1 次<br>用生石灰 15～20 千克，兑水 50 千克进行树干刷白 | 剪除病虫枝叶，清除落叶杂草，集中烧毁，砍毁天牛为害严重的枝干。翻耕果园土壤 |
| 1～3 月<br>春梢生长、<br>开花期 | 炭疽病<br>白粉病 | 50% 多菌灵 600～800 倍液<br>25% 咪鲜胺 500～800 倍液<br>70% 甲基硫菌灵 600～800 倍液<br>75% 百菌清 600～800 倍液<br>15% 粉锈宁 600～800 倍液 | 加强田间管理，及时剪除烧毁病叶和枯枝 |
| | 切叶象甲<br>扁喙叶蝉<br>蚜虫<br>叶瘿蚊<br>介壳虫 | 10% 吡虫啉 2000～3000 倍液<br>3% 啶虫脒 1000～2000 倍液<br>48% 毒死蜱 1000～1500 倍液<br>2.5% 溴氰菊酯 2000 倍液<br>1.8% 阿维菌素 3000～4000 倍液<br>5% 氟虫脲 1000～2000 倍液 | 剪除受害枝叶，集中烧毁。加强管理提高树体抗性 |

续表

| 时间及生育期 | 主要病虫 | 推荐药剂及使用方法 | 其他防治方法 |
|---|---|---|---|
| 4～5月<br>夏梢、幼果期 | 炭疽病<br>蒂腐病<br>细菌性<br>角斑病<br>叶斑病<br>疮痂病 | 50%多菌灵600～800倍液<br>25%咪鲜胺500～800倍液<br>70%甲基硫菌灵600～800倍液<br>75%百菌清600～800倍液<br>0.5%等量式波尔多液<br>72%农用链霉素5000倍液 | 结合修剪，清除病叶集中烧毁；加强管理改善果园通风透光条件和植株长势 |
| 6～8月<br>果实成熟、采收期 | 蒂腐病<br>细菌性<br>角斑病<br>叶斑病<br>烟霉病<br>流胶病 | 10%噁醚唑3000倍液<br>62.25%腈菌唑·锰锌500～800倍液<br>25%咪鲜胺500～800倍液<br>50%多菌灵500～800倍液<br>72%农用链霉素5000倍液<br>70%甲基硫菌灵600～800倍液<br>75%百菌清600～800倍液<br>30%氧氯化铜600倍液 | 同上 |
| 春季至秋夏 | 桔小实蝇<br>切叶象甲<br>蚧类<br>蚜虫<br>叶瘿蚊 | 10%吡虫啉2000～3000倍液<br>3%啶虫脒1000～2000倍液<br>48%毒死蜱1000～1500倍液<br>0.5%溴氰菊酯2000倍液<br>1.8%阿维菌素3000～4000倍液<br>5%氟虫脲1000～2000倍液 | 剪除受害枝叶，清除虫害果实，集中烧毁，减少虫源数量。加强管理提高树体抗性 |

续表

| 时间及生育期 | 主要病虫 | 推荐药剂及使用方法 | 其他防治方法 |
| --- | --- | --- | --- |
| 9月、10月秋梢生长期 | 切叶象甲<br>蚧类<br>蚜虫<br>叶瘿蚊<br>天牛 | 同上 | 同上 |
| | 叶斑病<br>烟霉病<br>流胶病<br>细菌性角斑病 | 10%噁醚唑3000倍液<br>25%咪鲜胺500~800倍液<br>80%代森锰锌500~800倍液<br>70%甲基硫菌灵500倍液<br>2%春雷霉素500倍液<br>72%农用链霉素5000倍液 | 结合修剪，清除病叶，集中烧毁；加强管理改善果园通风透光条件和植株长势 |

注：如有新型高效、低毒、低残留的生物农药、化学农药，应优先采用。

（六）无公害芒果生产中不能使用的化学农药种类，详见表3-7。

**表3-7 无公害芒果生产中不能使用的化学农药种类**

| 农药种类 | 农药名称 | 禁止原因 |
| --- | --- | --- |
| 无机砷杀虫剂 | 砷酸钙、砷酸铅 | 高毒 |
| 有机砷杀菌剂 | 甲基胂酸锌、甲基胂酸铁铵（田安）、福美甲胂、福美胂 | 高残留 |
| 有机锡杀菌剂 | 薯瘟锡（三苯基乙酸锡）、三苯基氯化锡、毒菌锡、氯化锡 | 高残留 |
| 有机汞杀菌剂 | 氯化乙基汞（西力生）、乙酸苯汞（赛力散） | 高毒、高残留 |

续表

| 农药种类 | 农药名称 | 禁止原因 |
| --- | --- | --- |
| 有机杂环类 | 敌枯双 | 致畸 |
| 氟制剂 | 氟化钙、氟化钠、氟乙酸钠、氟乙酰胺、氟硅酸钠、氟睍酸钠 | 剧毒、高毒、易药害 |
| 无机氯杀虫剂 | DDT、六六六、林凡、艾氏剂、狄氏剂、五氯酚钠、氯丹 | 高残留 |
| 卤代烷类熏蒸杀虫剂 | 二溴乙烷、二溴氯丙烷 | 致癌、致畸 |
| 无机磷杀虫剂 | 甲拌磷（3911）、久效磷（纽瓦克、铃杀）、对硫磷（1605）、甲基对硫磷（甲基1605）、甲胺磷（多灭磷）、氧乐果（氧化乐果）、特丁硫磷（特丁磷）、水胺硫磷（羧胺磷）、磷胺、甲基异硫磷、地虫硫磷（大风雷、地虫磷） | 剧毒、高毒 |
| 氨基甲酯杀虫剂 | 克百威（呋喃丹、大扶农）、涕灭威 | 高毒 |
| 二甲基脒类杀虫杀螨剂 | 杀虫脒 | 慢性毒性致癌 |
| 取代苯杀虫杀菌剂 | 五氯酚（五氯苯酚） | 高毒 |
| 二苯醚类除草剂 | 除草醚、草枯醚 | 慢性毒性 |
| 植物生长调节剂 | 2，4－D、比久（$B_9$） | 致癌、致畸 |

# 第四节　果实采收

## 一、采收方法

适时采收，轻摘轻放，采用1果两剪采收，第1次留果蒂2~3厘米；在分级包装时，进行第2次剪果，留果蒂0.5~1厘米。防止碰伤、捏伤、刺伤和摔伤。采果和盛果容器内衬柔软垫。

## 二、采收时间

采果以晴天上午10时至下午6时为宜，采后应尽快存放到阴凉通风处，以降低果温和果实呼吸强度。

## 三、采后处理

采收后，应在24小时内进行商品化处理。经商品化处理和储藏后的商品果外观、内质应符合NY5024的规定，卫生质量应符合DB51/335的质量标准。

# 第四章 柠檬

## 第一节 柠檬生产现状

柠檬在种植分类学上属芸香科，柑橘属，枸橼类的一个种。为常绿小乔木，1 年多次抽梢、开花、结果。嫩叶和花瓣带紫红色，果实长椭圆形，顶端具乳状突起，单果重 110 ~ 200 克，成熟时呈柠檬黄色，有悦人的芳香和风味。柠檬全身是宝，枝、叶、花、果均含特殊芳香油，特别是果皮含油量高，鲜果含油 0.7% ~ 0.8%，冷磨出油率 0.4% ~ 0.5%，是生产食品、日用香精香料的优质原料。果实出汁率 38% 左右，可溶性固形物含量 8.5%，每 100 毫升果汁含酸 6.7 ~ 7.0 克、糖 1.48 克、维生素 C 50 ~ 65 毫克，果汁是制造高、中、低档饮料和酿酒制醋的原料。果胚（果渣）含果胶 4% ~ 5%，可提炼果胶和制作各种蜜饯或果酱。种子富含脂肪和维生素 E，榨油可食用，油枯可作饲料或肥料。

柠檬营养丰富，含有维生素 C、E、$B_1$、$B_2$、P 和柠檬烯以及钙、磷、钒、铁、锌、镁等多种微量元素。

维生素 C 是人体代谢功能的保障，维生素 P 可增强血管韧性，防治并愈合毛细血管破裂，维生素 E 可强化皮肤代谢并增强肝、肾功能。柠檬烯可帮助排除体内结石。柠檬具有清热解暑、开胃健脾、化痰止咳、减肥解酒、滋润养颜、去腥去腻去污等功效，常食用柠檬，对高血压、心脏病、心血管硬化、口腔溃疡、目赤充血、坏血病、结石、少儿及老年缺钙等多种疾病具有一定的预防和辅助治疗作用。柠檬被誉为最佳保健水果。

柠檬起源于印度东部喜马拉雅山麓及我国南部、缅甸等亚热带区域，它可能是酸橙或枸橼的自然杂种，已有上千年的栽培历史，我国自元代起就有柠檬种植记载。

## 一、世界柠檬生产现状

世界上生产柠檬的国家，主要有美国、意大利、西班牙、希腊、土耳其、阿根廷、巴西、埃及、澳大利亚、南非等国，近年来世界柠檬总产量维持在600万～800万吨，而中国仅有12万余吨。世界柠檬主要分布在美洲、欧洲西部，柠檬的消费也以美洲、欧洲为最多，但近年来，亚洲和非洲的消费已逐渐兴起。

## 二、中国柠檬生产现状

我国柠檬主要分布在四川、重庆、广东、广西、云南、海南、福建及贵州等地。2007年的种植面积近30万亩，产果12万吨。四川省的安岳、内江、蓬溪等市、县柠檬发展很快，面积达25万亩，产果10万余吨。台湾省柠檬面积4000亩，年产3000余吨。

柠檬既可鲜食，又可加工。随着人们生活水平的不断提高，柠檬鲜果及加工产品的需求量将愈来愈大，综合开发潜力巨大，社会效益、生态效益和经济效益俱优。

## 第二节　柠檬主要栽培品种

目前世界上柠檬的园艺品系有 200 多个，我国的主栽品种为尤力克，其他品种有费米勒罗、维弗兰卡、菲诺、里斯本、北京柠檬、维尔娜等。

1. 尤力克

尤力克原产意大利，果实倒卵形或椭圆形，先端具乳突，基部圆，具果颈，四周有放射状沟纹，表面稍粗糙，成熟后呈柠檬黄色。早熟，具丰产稳产性，大多以中、长枝顶端挂果，品质上乘，香味好，芳香油品质上等。对低温、病虫害侵扰较敏感，是当前生产上主栽品种。

2. 里斯本

里斯本起源于葡萄牙，树势强壮，比尤力克较有抗冷、热、风及粗放管理等特性。果实长椭圆形，乳突小圆锥形，果颈短、有皱纹，果皮较光滑，香气亦浓。只因前期树势较旺，树体有刺不便管理，单产较低，栽培面积有逐年减少的趋势。

3. 北京柠檬

北京柠檬不属真柠檬，是柠檬与橙类的自然杂种。果实成熟时，肉质与外观色泽相似于甜橙，但果颈微有低宽的乳状形，形状及风味有点像柠檬，暂划归柠檬类。果皮光滑，果汁多，果肉柔软，不耐贮运。果实内质差，每100毫升果汁含柠檬酸3~4克、维生素C 25毫克，果皮精油含量少，香气亦差，不宜提取精油。果汁含水量高，糖酸低，品质差，不宜加工。栽培经济效益低。

## 第三节　柠檬的繁殖

柠檬的繁殖有实生繁殖、扦插繁殖和嫁接繁殖等方法。实生繁殖的苗木生长高大，童期较长，开花结果晚，且易患脚腐病、流胶病，对树势、产量影响大，生产上不宜栽植实生苗；扦插苗虽投产早，但因根系发育差，树势早衰，生产也不宜采用；用得最多、效果最好的是嫁接繁殖。

### 一、苗圃地的选择与整理

选择开阔向阳、排水好、土质较沙、肥沃的平地或缓坡地；交通方便、水源充足，无检疫性病虫害区域；土层深度在40厘米以上，土质疏松，透气性好，土壤pH值在6.5~7.3，以砂质壤土和河坝冲积土为好。播前深翻1~2次，施足基肥，耕细整平，斜坡地沿等高线开厢，平地挖深沟作厢。厢宽1.3~1.5米，两厢之间留宽25~30厘米、深25厘米的沟。厢面喷50%的托布津800倍液或50%敌克松500倍液进行土壤消毒，盖

1 厘米厚的细土压平，播种前充分灌水。容器育苗场地选择地势平坦、交通方便、水源充足的硬化地面。

## 二、柠檬的适宜砧木

枳橙、香橙、酸柚、红橘、土柑、枳壳、建柑、橘橙均可作柠檬的砧木，但碱性土不宜用枳壳作砧木，且枳壳柠檬苗要采用脱毒接穗，否则易感裂皮早衰。

柠檬在不同砧木上的表现：

1. 枳砧

树势中庸，枝叶稀疏，叶片厚绿，碱性土壤缺素症状明显，冬季落叶 20% 左右，结果早，适宜计划密植。以春花果为主，流胶病发病率 18% 左右。用非脱毒苗时裂皮病严重，皮层纵裂脱落，树势衰败，导致缺素、落叶严重，产量低。枳砧柠檬平均单株产量 25 ~ 30 千克，最高单株产量可达 150 千克，果实中大，果面光滑，果形整齐，外观质量好，果皮出油率 0.62%，经分离处理，精油质量最佳。

2. 酸柚砧

树冠高大，枝叶较密，冬季落叶 10%，以春花果结果为主，晚秋梢、晚秋花少，易感染流胶病，发病率 63.7%。投产早，平均株产 30 ~ 35 千克，最高株产可达 250 千克，盛产期可达 25 年以上。比红橘砧木能提早 1 ~ 2 年投产，丰产性能好、单产高。但果实较大，果皮较厚，油胞较粗，出油率 0.53%，经分离处理，精油质量较好。

3. 香橙砧

枝叶较密，冬季落叶7%，春花果多，较酸柚抗流胶病，发病率20%，平均株产30千克，果实中等大，果面光滑，外观漂亮，出油率0.65%，经分离处理，精油质量较好。

4. 红橘砧

树冠较高，枝叶较多，产量较高，叶色浓绿，冬季落叶15%以下，以春花果为主，晚秋梢和秋花少。流胶病发病率39.6%，平均株产30~32千克。最高株产可达200千克，果皮出油率0.65%，经分离处理，精油质量中上。

## 三、砧木苗的培育

### （一）种子的选择

成熟饱满，纯度大于90%，发芽率大于80%，无检疫性病虫害。最好选用当年种子（有的需进行层积处理）。

### （二）种子处理

播种前，用50℃~52℃热水浸泡5分钟，然后用清水冲洗，接着用0.1%高锰酸钾液浸泡1分钟，再用3%的过磷酸钙浸提液和0.3%~0.5%尿素浸种24小时。

### （三）播种期和方法

1. 播种期

枳壳、酸柚9~10月；香橙、红橘等2~3月。

2. 方法

条播或撒播。条播播幅6~7厘米，播后盖细土、塑料薄膜或稻草，秋播种子冬季需搭塑料拱棚。

3. 播种量

酸柚、香橙每亩200千克，红橘56千克，枳壳100千克。

4. 播后管理

幼苗出土后，根据土壤湿度均匀浇水，当气温高于30℃时，晴天上午10点至下午5点揭起薄膜两端通风、炼苗；苗床地表温度大于30℃时，或炼苗7天后揭除薄膜。清除厢面杂草，施清淡粪水，用杀菌剂防治立枯病，用杀虫剂防治土蚕、红黄蜘蛛等。

5. 砧木苗移栽

移栽时期4～5月或秋季。采用等行或宽窄行分级移栽，每亩1万～1.5万。密度露地一般为排9.9厘米退16.5厘米或排8.3厘米退19.8厘米，亩栽3万株。移栽前苗床灌1次透水后起苗，剪去过长主根，忌风吹日晒，外运苗根部需打泥浆。栽前用爱多收加生根粉或那氏－778浸根，栽后立即灌透水。容器育苗，将泥炭、河沙、谷壳按1:1:1的比例均匀混合装入高38厘米、上口12厘米、下底10厘米的容器中，当培养基装至容器高25厘米处时，将根伸苗直的砧木苗放入容器中央，然后再装培养基至容器35厘米，灌透定根水。

6. 砧木苗管理

移栽苗于3～8月，每月施1～2次清粪水，栽活走根后可加入0.3%～0.5%的尿素。施肥前除草、松土。容器育苗的管理是在栽植活后5～7天灌施1次含尿素0.3%＋0.2%磷酸铵＋0.2%硫酸钾的清水。干旱时及时灌水，苗30～40厘米高时摘心，除去主干离地15厘米以内的萌芽和针刺。

## 四、柠檬苗的嫁接

1. 砧木要求

红橘、土柑、酸柚离地面20厘米处，枳壳、香橙离地15厘米处，主干粗度均应达直径0.5厘米以上才能嫁接。

2. 接穗要求

在无病毒良种采穗圃内采集，或在农业有关单位指定的优质、丰产的健壮优良母树（优良单株）树冠外围中、上部的东南方向采取，以春梢为主，早秋梢为辅，随接随采。长途运输时，用苔藓或者草纸保湿。

3. 嫁接时间与管理

嫁接前应准备好消毒工具和薄膜。春季2～3月嫁接用切接法，秋季8～10月嫁接用单芽（小芽）腹接。

腹接后的嫁接苗在3月中旬进行折弯砧木，待接穗抽发春梢叶转绿后，剪去砧木。未成活的可用切接法补接，切接苗接后应覆盖薄膜。嫁接苗抽稍后就开始施肥，每月2～3次，由少到多，由淡到浓，注意中耕除草，灌溉排水。在苗高40厘米时进行摘心定干，保持在苗高35～60厘米区间内有分布均匀的3～5个分枝，将第1个分枝点以下的萌芽全部抹除。砧木苗的立枯病，嫁接苗炭疽病，以及潜叶蛾、蚧类、螨类、凤蝶等病虫害应及时防治。

**五、柠檬苗的起苗、包装、运输**

1. 苗木检疫

按中华人民共和国植物检疫条例执行。

2. 起苗时间

春季 2～3 月，秋季 9～10 月。

起苗前灌透水，待收汗后起苗。起苗后根部蘸浓泥浆，每 50 或 100 株 1 捆，根系应用苔藓保湿，薄膜或稻草包扎，挂上标签。

异地调运苗木，要求"三证"（育苗许可证、检疫证、合格证）齐全。运输途中防止重压、日晒、雨淋，注意翻动，最好在车上加竹编的出气筒，运到后及时定植。

## 第四节 柠檬的栽培管理

**一、柠檬适宜的生态环境**

柠檬性喜冬暖夏凉气候，要求年均温 17℃以上，1 月均温在 7℃以上，极端最低温为 –4℃，大于或等于 10℃的年积温在 5500℃以上。日照 1000～1600 小时，降雨量 800～1400 毫米，相对湿度 60%～80%，尤以年均温在 18℃左右的地区，单产高、品质佳。

**二、柠檬的定植**

（一）柠檬园地选择

选择符合柠檬生长生态条件的，交通方便，水源充足的丘陵或山地的1~2台土，或干田，或田边、路边、河边、房前屋后荒地，以微酸性或中性的砂壤土种植柠檬最好。

（二）改土建园

1. 规划原则

实行山、水、园、林、路综合治理。果园集中成片，每1小区不得低于20亩，侧重水源好、交通方便的地方建园。

2. 土壤改良

改土应根据地势情况，25度以下的坡地，修筑等高梯地，梯面宽2~3米，梯面中间挖掘定植沟，分层混填堆肥，也可种植1~2年的豆科、蔬菜、西瓜，将稿秆埋入耕作层来进行土壤熟化改良，保持50~80厘米的活土层。对平缓的土块，可以只对窝盘进行土壤改良。

3. 水利建设

按照柠檬年总需水量100立方米每亩的标准进行拦、引、提、蓄，有水源的地方进行开渠自流灌溉，无水源的地方，兴建蓄水工程，节水灌溉工程，保证干旱时的生产用水。兴建排水系统，梯地在台面内侧设置背沟，平地果园可设边沟、腰沟、背沟和立沟，形成排水网络。

4. 道路建设

面积大的果园要求干道、支道配套，能通汽车，便道与支道连通，形成道路网络。

（三）柠檬苗的定植

1. 苗木要求

选择一、二级苗，每块土或每个果园苗木等级相同。

2. 定植时间

2～3月，9～10月为最适定植时间。

3. 定植方式

依照果园地理条件，栽植可分别选用单行、长方形、三角形、丁字形、宽窄行方式。

4. 定植密度

实行合理密植，可按株距5米×行距3米或株距5米×行距4米或株距3米×行距4米。

5. 打窝施底肥

窝子要求60～100厘米见方，窝大底平。土壤越瘠薄，窝子越大，每窝施稿秆类有机肥30～50千克，柠檬专用配方肥0.5～1千克，腐熟人畜粪水1桶以上，肥料与土混匀，覆土作高出土平面20厘米的定植堆。

6. 苗木整理

露地苗去除嫁接口薄膜，修剪伤根，剪去过长主根（留15厘米长）和嫩晚秋梢；容器苗，除去嫁接口薄膜。

7. 苗木定植

在定植堆上打小窝（定植穴），放入苗子，边理根边复土，做到苗正根伸，保持根系原来的自然状态，根颈露出墩面，用锄头或脚从四周向内踏实，灌透定根水，收汗后覆1～2厘米细土，垒成馒头状窝盘（直径

60 厘米，高出地面 10 厘米），窝盘上盖薄膜、稻草或杂草，防止土壤开裂，且保温增湿，提高成活率。

（四）定植后管理

定植后如遇干旱，枝叶萎蔫，应剪去部分枝叶，早晚用喷雾器喷水。雨水过多，湿度过大，排水不良，同时又栽植过深的，要注意排水，及时增加通透性，以免烂根死苗。注意中耕除草和防治红黄蜘蛛、老鼠、蜗牛等病虫害。此外，间作时一定要留足窝盘，风口处定植应绑缚固定。

**三、柠檬幼树管理**

定植后至结果 2 ~3 年内为幼树。

（一）土壤管理

幼树的土壤要达到深度 50 厘米以上，孔隙度 45%，pH 值 6. 5 ~7. 2，有机质含量 1% ~3%。春秋两季行间间作绿肥或豆科作物或蔬菜，严禁种植高秆作物和藤蔓作物，绿肥在开花前刈割深翻压青，每株 10 ~15 千克，每年 3 月、7 ~9 月以树盘滴水线内浅耕，深 10 ~15 厘米，树盘外深翻 30 ~60 厘米，宽 60 ~100 厘米，翻时注意保护大根，并结合施有机肥。每年向外扩 40 ~60 厘米，每平方米施入 30 ~50 千克以稿秆为主的有机物（如堆肥等），与土壤混合均匀。

冬、夏两季可用稻草、稿秆、杂草等覆盖树盘，厚度 10 ~20 厘米，也可用地膜覆盖。

（二）施肥

1. 施肥原则

针对不同树龄及休眠期柠檬的营养特点，施入一定比例的含多种营养元素的肥料，注意迟效、速效肥配合，有机、无机肥配合，原则上应全面施用柠檬专用配方肥。

2. 施肥方法

根际施肥，幼树采用窝盘浅耕淋施，成年树采用环状沟、放射状沟、条沟或穴施方式；根外追肥用肥液喷洒树冠，喷雾浓度根据不同肥液而不同。

3. 施肥时期与用量

定栽植成活第 1 年，从 2 ~ 10 月，以 10 ~ 15 天（每月 2 ~3 次）施用柠檬专用春季肥料和人畜粪水，按 5 千克柠檬专用春肥 +20 千克人畜粪兑清水 100 千克，每次每株灌施 5 ~ 10 千克，配合摘心，以迅速扩大树冠。第2、3 年每年可施肥 6 次，即 2、5、6、7、10、11 月各施 1 次，2 月和 11 月施柠檬专用春季肥，按 10 千克春肥 +20 千克人畜粪水兑 100 千克清水，每株施 10 ~15 千克。5、6、7、10 月按 10 千克柠檬专用秋肥 +20 千克人畜粪水兑 100 千克清水，每株施用 10 ~ 15 千克。进入初结果的树，年施肥 4 次，即 2 ~ 3 月每株施柠檬专用春肥 0.5 千克加 50% 人畜粪水 10 ~ 15 千克。6、7 月分别按每株施柠檬专用秋肥 1 千克，50% 人畜粪水 15 ~20 千克。10 月下旬每株施 50% 人畜粪水 15 ~ 20 千克、有机堆肥、沤肥、土杂肥 50 ~ 100 千克。

（三）水分管理

幼树枝梢生长期为主要灌溉时期，每次灌溉量宜少，次数宜多，一般每株用量 10 ~ 20 千克。当砂土含水量少于6%，壤土小于11%，粘土小于20%时需及时灌水。

$$土壤水量（\%）=\frac{湿土重量-干土重量}{干土重量}\times100\%$$

（四）树体管理

1. 定干、摘心、抹芽

一般在苗圃进行，也可在定植后再作。在苗高40厘米时，于饱满芽上摘心，使其在25～40厘米处有4～6个分枝，如分枝少，可抹芽1～2次促使分枝，主干高40厘米。

2. 配主枝

主枝以3～5个为好，主枝间距10～20厘米，每个主枝间方位为120度，主枝与主干夹角为40～50度。

3. 扬副主枝、侧枝

每个主枝留2～3个副主枝，枝距20～30厘米，分枝角度65～70度，副主枝在20～30厘米长时短截，促发侧枝。根据方位及空间留2～5个侧枝。

4. 培养延长枝

选取做主枝、副主枝、侧枝的先端延长枝，均应在老熟后饱满芽处短切1/3或者1/2，并疏除周围争夺养分的强枝，保证延长枝向培养的方向延伸，健壮生长。

5. 除去徒长枝

主枝、副主枝及侧枝抽生的徒长枝，除了可利用来填补树冠空缺处外，其余的均除去。

## 四、提早结果的技术措施

除主枝、副主枝、侧枝及其延长枝作为骨架枝不能任意动手、动剪处理外，其余枝均可采取拉枝、扭枝、修剪、抹芽等办法使其提早结果。

1. 拉枝、扭枝

春梢抽生时，用绳索（塑料绳）把直立大枝拉成斜生或水平，加大大枝与主干的夹角，同时除去大枝上的徒长枝。幼龄强旺的枝梢自基部施扭180°后，可使其弱化，促进开花。

2. 增施磷、钾肥

幼树每15～20天施1次稀薄液肥，促生侧根、须根。在计划投产前一年，改施柠檬秋季配方肥。

3. 短剪长枝

柠檬枝条生长较长，对长稍保留8～10片叶，从20～25厘米处摘心或短剪，促发分枝，增加分枝级数，缓解生长势。

4. 断根

投产前一年的8～10月，沿树冠滴水线处挖30厘米宽的深沟，剪断0.5～1厘米粗的侧根，削平伤口，沟内施腐熟的堆肥覆土。

5. 控水

计划投产前一年的9～10月开沟排水，使幼树适当干旱，叶片微卷2～3天，促使花芽分化。

6. 抹芽控梢

2年生柠檬末级梢数要求30～50枝，3年生100枝，4年生200枝以上，投产前一年夏季抹芽控梢至7月上旬，施肥促秋梢。

以上6条措施均为人工方法促花，此外，还可采用化学方法促花。

## 五、成年树的管理

(一) 土壤管理

参照幼树土壤管理。

(二) 施肥

施肥原则：重施秋肥和采果肥，看树补施花前肥和稳果肥，做到上半年略轻，下半年略重；以农家肥、配方肥为主。

成年结果树1年一般施3次肥，时间分别是2月中旬至3月上旬，6月下旬至7月中旬，10月下旬至11月上旬。春季2月中旬至3月上旬，以上年产量为依据，株产25千克以下的，每株施柠檬专用春肥2千克+人畜粪水50~80千克，超过25千克的树，株产每增加10千克，专用肥则增施1千克。壮果肥施用时间为6月下旬至7月中旬，对当年株产25千克以内的树，施柠檬专用秋肥2千克+人畜粪水80~100千克，每增加10千克，则增施专用肥1.5千克。采果肥施用时间为10月下旬至11月上旬，根据当年产量，结果25千克内，则施柠檬专用秋肥2千克+人畜粪水80~100千克，土杂肥、堆沤肥100~150千克，产量每增加10千克，则施专用肥增加1千克。除土壤施肥外，5月上、中旬，8月上旬可用0.3%的尿素+0.2%的磷酸二氢钾进行根外追肥。

施肥的部位应在树冠滴水线外30厘米处，春、冬季可开沟，夏、秋季宜挖窝进行施肥，肥料切忌干施，一定要用清人畜粪水兑施，施完肥后立即盖土，以保证肥效。

施肥也可结合节水穴灌水时施用。

（三）水分管理

结果树重点应在春梢抽发期和幼果生长、果实膨大期，要保证充足水分，如遇干旱应立即灌水，周年树盘覆盖薄膜，可减少全年用水量。其余参照幼树管理。

柠檬节水灌溉：在柠檬树冠滴水线外 30 厘米，在 3 ~4 个方位分别制作一个下大上小，深 40 ~ 50 厘米、直径 30 ~ 40 厘米坛子状的洞穴。在洞穴里采用 1 层稿秆（或杂草）、1 层泥，压实直至距洞口 10 厘米处，然后向洞穴灌水，直至水不明显下降为止。然后用泥土填平洞口，上面再用塑料薄膜盖严。灌 1 次可以保证 35 ~ 45 天柠檬生长不缺水，第 2 次只需揭开薄膜，取出洞口泥土进行灌水。当洞穴中有机质腐烂下沉时，要向洞穴增填有机质。1 个洞一般可用 3 年，不能再用时，可在另外方位制作。

（四）树体管理

1. 修剪

①初结果树修剪以冬季轻剪为主，夏季辅以摘心和短截，注意长枝摘心，删除或短截徒长枝，扩大角度，培育辅养枝。②丰产树的修剪以夏剪为主，疏、短、剪相结合，对结果枝组弱的疏除、强的短剪。抽生较长的春、秋梢，留 8 ~ 10 片叶摘心，夏梢全部抹除，促发秋梢母枝，主干上辅养枝结果后逐年分批更新或疏除。下垂枝结果后短切衰弱部分，抬高枝群部位继续结果。对

顶部较多的直立大枝，采取强树疏强枝，中庸树疏直立枝的办法在冬季疏除。③密植临时树的修剪，前期修剪宜轻，结果后抹去夏芽促果，秋梢枝任其抽发，冬季短切结果枝组。7～8年后，重缩剪衰弱枝组。疏大枝，延缓树冠荫蔽，树冠封行交叉时，要压缩增密树下部大枝，保证永久树扩展。

2. 药剂保果

谢花后用250PM九二〇+400PPM细胞激动素涂幼果果柄，或用50PPM九二〇+爱多收，或用果大多喷洒树冠。结果期用0.3%尿素+0.2%磷酸二氢钾液，7天1次喷洒树冠，连续3～5次。果园养蜂也是保花保果的有效措施之一。

3. 控花疏果

冬季疏除部分母枝，春季复剪部分花枝，减少无效花果量，春花果过多时，在生理落果后进行疏果，疏除密生果、小果、畸形果，以30～35片叶留1果为宜。

4. 冬春保叶

每年采果后至次年2月，用0.3%尿素+0.2%磷酸二氢钾+柠檬保叶灵混合液，10～15天喷洒树冠1次，连续2～4次。冬季地膜覆盖和加强病虫害的防治也能有效防止落叶。

5. 果实套袋

果实套袋可以减少病虫果（疮痂病、黑星病、流胶病、蚧类、咋蝉等），降低农药残留，提高品质和优质果比例，改善商品性，提高经济效益。时间于第2次生理落果后（6月份）进行。方法是树冠喷防治螨、蚧杀虫剂和杀菌剂，水干后即套袋，1 果 1 袋，可自制纸袋，也可用商品专用袋，但绝不能用塑料袋。

6. 冬季清园，主干刷白

（1）收集园内枯枝、落叶和烂果集中烧毁或深埋。树冠喷高效低毒低残留的杀菌、杀虫剂，减少病虫基数，降低次年病虫危害。

（2）将主干及主枝上的青苔、翘皮刷去，再刷刷白剂。刷白剂配方有两种：一是生石灰 5 千克，石硫合剂 1 千克，食盐 0.5 千克，清水 15 千克；二是生石灰 5 千克，硫磺粉 250 克，食盐 100 克，动物油 100 克，清水适量（以调成糊状为宜）。

## 第五节 柠檬主要病虫害防治

### 一、柠檬病害

主要有流胶病、疮痂病、炭疽病、脚腐病、黑星病、立枯病、蒂腐病、裂皮病等。

（一）柠檬流胶病

症状：柠檬流胶病往往发生在成年结果树。常发生在主干或主枝。发病初期流出淡黄色汁液，真菌感染后逐渐出现树干表皮腐烂、树势衰弱、叶脉黄化、产量下降等症状，严重时导致植株死亡。

发病原因：①树体内养分不平衡、氮素过多；②遭受机械创伤；③夏秋太阳直射灼伤。

防治方法：①施用氮、磷、钾及微量元素齐全的柠檬专用配方肥。②生产管理中避免造成机械创伤。③夏季树干刷白，防止太阳直射。④流胶病的治疗为：a 对发病部位及周围用快刀刮除病部树皮，再进行纵刻，间隔 1 厘米 1 刀，深至木质部。用托布津 1000 倍液或 20 单位的多效霉素涂于刻伤处，塑料薄膜包严保护。b 在树冠周围栽植 3 ~ 4 株砧木苗，成活后接于病部上部，以保证其对养分和水分的吸收，恢复树势，这种方法又叫桥接。

（二）疮痂病

症状：疮痂病主要危害柠檬果实。果实遭受危害后，出现圆钉形突起及紫红色病症。对果实品质有严重影响。

防治方法：①搞好冬季清园。②春季春梢芽长 0.5 厘米时，树冠喷药防治叶疮病。谢花后喷药保护幼果，连续施药 2 ~ 3 次，隔 10 ~ 15 天 1 次。选用 10% 世高 3000 ~ 5000 倍液或 80% 大生 M – 45 可湿性粉剂 2000 倍液；70% 甲基托布津胶悬剂 1000 倍液；12% 腈菌唑乳油 2000 ~ 3000 倍液。

（三）炭疽病

发生规律：柠檬炭疽病常侵害幼苗嫩枝和果实，幼苗、嫩枝常发生在早春、盛夏。早春低温侵袭后，天气突转晴朗，易诱发急性炭疽病；盛夏雨后天晴，空气湿度大，也易诱发急性炭疽病。果实感病，潜伏不发，待采收后果实出现褐腐和星状病斑，严重影响品质。

防治方法：①搞好冬季清园，清除越冬病源；②苗圃嫩枝抽发后，春季若遇低温或秋季遇暴雨后天气立即升温，用半量式小尔多液喷布。③成年结果树在 5 ~ 7 月用大生、仙生或波尔多液喷布树冠，然后进行果实套袋，以防果实感染。

## 二、柠檬虫害

主要有柑橘红黄蜘蛛、矢尖蚧、花蕾蛆、红蜡蚧、吹绵蚧、潜叶蛾、凤蝶、天牛、桔潜叶甲、尺蠖蛾、蚱蝉等。

### （一）柑橘红、黄蜘蛛

柑橘红蜘蛛又名橘全爪螨，属蜘蛛纲、蜱螨目、叶螨科，是我国柑橘的最重要的害螨。其成、幼虫均吸食柑橘叶片、小枝、花蕾和果实的汁液，尤以嫩叶和嫩枝受害重。叶片受害处呈灰白色斑点，严重时叶片呈灰白色，失去光泽，叶背布满灰尘状蜕皮壳。幼果受害后，果面出现淡绿色斑点，成熟果受害后，果面出现淡黄色斑点，果蒂受害则果实容易脱落。因为红蜘蛛常造成落叶落果，故严重影响柠檬的产量和品质。

柑橘黄蜘蛛危害症状：柑橘黄蜘蛛又名如叶螨或四斑黄蜘蛛，属蜘蛛纲、蜱螨目、叶螨科。我国大部分柑橘产区均有发生，近年四川省发生日益严重，其危害程度远甚于柑橘红蜘蛛。该螨主要危害叶、嫩枝、花蕾和幼果。成幼虫主要在叶背主脉两侧聚集取食，聚集处常有蜘蛛网覆盖，卵即产在下面。嫩叶受害处出现略下凹并向正面凸起的黄色斑块，受害严重时叶片扭曲变形，进而叶片、幼果大量脱落。老叶受害处常出现黄褐色斑，叶正面为淡黄色斑。由于该螨严重破坏叶绿素，常引起大量落果，严重影响产量和树势，危害性大。

发生规律：柑橘红、黄蜘蛛1年发生18~20代，田间世代重叠。各虫态的历史期随温度不同而异，卵的发育起点温度为5.5℃，幼螨产卵的有效发育积温为68.1日度，在日平均温度为23.5℃~35.4℃时，完成1代需23天，20℃~25℃是柑橘红、黄蜘蛛发育的最适温度，1℃~2℃时成螨静止不动，3℃开始活动，14℃~15℃时开始大量繁殖。春季3~5月是发生盛期，若这一时期高温少雨就可能发生严重的红、黄蜘蛛虫害，尤其开花前后为甚。6月以后由于高温多雨和天敌控制，虫口急剧下降。

防治方法：

（1）农业防治　干旱时果园灌水可减轻为害，结合喷药时用0.3%尿素+0.2%的磷酸二氢钾作根外追肥，可增加植株的补偿能力，减少损失。

（2）利用天敌　主要天敌有食螨瓢虫、草蛉、塔六点蓟马、日本方头甲、寡节瓢虫、尼氏钝绥螨。应在施药时注意保护，可在果园周围种植天敌宿主的饲料植物。同时，对红、黄蜘蛛为害较重的植株采取挑治。

（3）化学防治　采果后至次年3月，用尼索朗2000倍液、维多力2000倍液喷布树冠，减少越冬成虫、卵的基数。4~5月、9~10月可用0.5~0.8度石硫合剂喷布树冠，每隔10天重复1次，连续2~3次，也可在4~5月用高效低毒低残留的0.5%维多力2000倍、5%尼索朗2000倍、15%达螨灵2000倍、24%螨危4000~6000倍液、20%四螨秦2000倍液，特别注意在用药时，要轮换使用，不能长期使用同一种药剂。7 月底以后，严禁使用任何化学合成农药。

（二）锈壁虱

危害症状：锈壁虱又名柑橘刺叶瘿螨、锈螨，属蜘蛛纲、蜱螨目、瘿螨科。

我国各柑橘产区均有发生，以橙、橘、柑和柠檬受害严重，该螨危害果实和叶片。由于螨的针状口器刺入果实或叶片背面的组织吸食汁液，使细胞被破坏后内含的芳香物溢出，经氧化使果皮或叶片背面成黑褐色，故受害果实又称火烧柑、黑炭丸。受害果实变小变硬，果皮表面粗糙，严重影响产量和品质。

发生规律：该螨 1 年发生 18～24 代，成螨在柑橘腑芽和卷叶内越冬，达到 15℃时开始活动和产卵，随着春梢抽发逐渐转移至新梢叶片背面取食。5～6 月逐渐转移到果实，故 7～9 月是发生盛期，如此时高温少雨则锈壁虱就多，危害也重。

防治方法：

（1）农业措施　同柑橘红、黄蜘蛛。

（2）搞好预测　从 5 月份起选上年锈壁虱危害严重的植株 3～5 株，每 7 天用 10 倍放大镜观察一次，前期查当年春梢叶片，后期查夏梢叶和果实，每次每株观察 10～20 片叶，每个视野有 2～3 头螨时，应立即施药。

（3）防治　6 月底以前用高效低毒低残留的 0.5% 维多力、尼索朗、达螨灵等药剂 2000 倍，20% 四螨秦 2000 倍液、20% 破卵 2000 倍液。7 月以后用 0.5～0.8 波美度石硫合剂，禁止使用化学农药。

（三）蚧类

柑橘蚧类害虫较多，为害四川省柠檬的蚧类害虫有矢尖蚧、糠片蚧、红蜡蚧、吹绵蚧等，以矢尖蚧为主。

矢尖蚧又名矢蚧壳虫，常侵害叶和果实，受害轻的叶片被害处出现黄斑。雄虫聚集，叶片受害部分反面出现黄斑块，严重时叶片变成畸形卷曲，枝叶枯死，严重影响树势。果实受害处呈黄绿色，外观差，严重影响果实品质。

发生规律：1 年发生 2～4 代，以雌虫和少数 2 龄若虫越冬，每年 4 月或 5 月初，当年平均温度达到 19℃时，越冬雌虫开始产卵，10 月以后日平均温度为 17℃以下时停止产卵。第一代发生较整齐，以后各代世代重叠。越冬成虫产卵最多，寿命最长，可达 64 天。田间发生双高峰，第 1 次高峰在 5 月中下旬，第 2 次高峰在第 1 次高峰后 15～20 天，即六月上中旬。

防治方法：

（1）农业措施　剪除虫枝、荫蔽枝和干枯枝，减少虫源，改善通风透光条件，恢复树势。

（2）保护天敌　主要天敌有日本方头甲、整胸寡节瓢、湖北红唇瓢、矢尖蚧蚜小蜂、花角蚜小蜂和黄金蚜小蜂。

（3）化学防治　对植株上有零星越冬成虫的植株，在 5 月中、下旬用 95% 机油乳剂 100～200 倍液或松脂合剂 15～20 倍液喷布树冠和树干，或用 48% 乐斯本 1000 倍、螨克 1000～1500 倍液；0.5% 果圣水剂 800～1000 倍液、10% 扑虱灵 2000 倍液、40% 巨雷 1000～

1500倍液，以上化学农药+1%的机油乳剂效果更好。隔15~20天重复1次。危害特别严重的果园可连续施药3~4次。冬季用松脂合剂10~15倍液防治效果好。

其他蚧类防治方法与矢尖蚧防治方法相近。

## 第六节 柠檬的果实管理、贮藏及商品化处理

### 一、柠檬果实套袋

（一）纸袋的选择

选择面纸50克，内纸40克的不透光木浆纸纸袋，要求具有较好的抗湿性、抗拉性、通透性，用酒精滴于表层不浸、在水中搓不烂、滴水于表层不扩散、有预埋扎丝，用拳头伸入果袋后用肉眼对光从里向外看无沙眼。

（二）套袋时间

柠檬春花果宜在6月底至7月中旬套袋；夏花果宜在8~9月套袋。柠檬果实套袋后的生长时间要保证70~90天。

（三）套袋前准备

果实套袋前1~2天对树体、果面均匀彻底的喷施1次杀虫、杀菌剂，待果实药剂干后即能套袋。未施药的不能套，前期病虫防治差的不能套，药水未干不能套，露水未干不能套，下雨天不能套，中午高温不能套。套袋时，纸袋封口要向下，套袋后如遇干旱要及时灌水和秸秆覆盖。

（四）套袋方法

“一撑二套三收四扭”，即先用拳头将纸袋撑开，然后一个果实一个纸袋，并将果实置于袋的中间部位，袋口平叉于果柄，收拢袋口，用预埋在果袋边的扎丝扭紧果柄封口。

## 二、柠檬采摘

（一）采摘时期

鲜销贮藏果的果实横径大于 50 毫米，加工果果实横径大于 40 毫米，颜色由深绿色转为浅灰绿色或淡黄时，立即采收。

（1）春花果 10 月下旬至 11 月上旬。

（2）夏花果 12 月中旬至次年 1 月下旬。

（3）秋花果 次年 6 月上旬至 7 月上旬。

（二）采摘方法

用专用果剪采用“二剪法”采果，果蒂剪平，每株由外到内，由下到上依次采摘。采春花果时不要伤夏、秋花果，采夏花果时不伤秋花果。最好戴布手套。采摘要求轻拿轻放，下雨天、果面霜或雾未干时不采果，采后放入周转箱（塑料）、铺上软物或塑料膜的箩筐，防止日晒雨淋。

## 三、简易贮藏

采回的果实洗后立即浸泡于特克多 900 倍液或施保克 1000 倍液或百可得 1000 倍液中，浸泡不得少于 5 分钟，取出放于通风处晾干进行预贮，预贮 5 ~ 7 天后用保鲜膜套套袋后存入贮藏库。在套果时应按 50 ~ 54.9 毫米、55 毫米、60 毫米以上进行简单分组贮藏。贮藏库每平方米用 20 克硫磺和少量稻草燃烧熏蒸 24 小时，入库前 24 小时方可开窗换气。

柠檬果实贮藏的方式很多，常采用简易民房、地窖、通风库、地下库及机械冷库贮藏，随着科学技术的进步，近年发展到用硅窗、气调贮藏。

家庭少量贮藏，可不浸药而用塑料袋单果包装，放入纸箱存于阴凉处，至次年 2 月下旬气温回升时，转贮于冰箱中。

### 四、柠檬的商品化处理程序

柠檬商品化处理的程序：科学采果→选果→洗果（用清水加 1% 的碳酸氢钠）→防腐处理（用特克多液浸泡 5 分钟）→保鲜处理→预贮→分组→贴商标→包果→装箱→运输→销售。

# 第五章
## 荔 枝

### 第一节 概 述

荔枝是南亚热带水果，属无患子科，常绿乔木，寿命长，树龄可达几百年。荔枝果实营养丰富，自古以来被视为珍贵补品。鲜食香甜可口，还可加工成干（果干、肉干）、汁、酒、酱、胶和罐头等产品。荔枝是优良蜜源植物，所产花蜜是蜂蜜上品。荔枝树木材坚实、纹理优美细致、耐潮防腐，是制作名贵家具、雕刻品、木器、建筑、造船等的优良材料。树姿优美，四季常青，是理想的绿化美化树种。

四川荔枝栽培历史悠久，现泸州、宜宾等地尚存有千年古荔枝，主要分布在沿金沙江、长江、沱江两岸区(县)。这些荔枝是四川荔枝实生栽培的古老品种，其树冠高大，果核大，果肉薄，味甘甜偏酸，故本地称酸荔枝。而后，四川荔枝栽培区相继从广东、福建等地引进一批荔枝品种，经多年的生产驯化与推广，现已成为主要的栽培品种，如大红袍、绛沙兰、糯米糍、妃子笑、楠木叶、带绿、铊堤等。2007 年，合江县的带绿荔枝获得中华名果称号；带绿、铊堤还分别被 2008 年北京奥运会优质果品推荐会评为一、二等奖，尤以带绿知名。

## 第二节 主要优良品种

1. 大红袍

大红袍树势强健，干性较弱，叶纺锤形，春梢叶片边缘微向内卷，呈波状。叶平展，叶表面深绿，有光泽，背面灰绿。羽状复叶，叶梗表面棕色，背面浅褐色。果实长卵圆形或椭圆形，单果重16.2～34.75克。果皮鲜红色，种子大而饱满。可食率65.47%～85.3%，可溶性固形物含量18.8%～21.0%，肉质嫩软带脆，爽甜微酸，汁多，品质中等。鲜食、晒干、制罐均可，四川7月下旬成熟。

2. 绛纱兰

绛纱兰树势中等，树冠紧凑，干性较弱。树皮带乌黑，枝条脆而不韧，叶阔而尖长，色乌黑深绿。果实卵圆形，平均单果重16.1～32克。果皮深红色，采后易变为黑褐色，种子中等大，可食率63.5%～73.3%，可溶性固形物含量16.5%～20%，肉质软滑，味甜，品质中上。鲜食、晒干、制罐均宜，四川7月下旬成熟。

3. 妃子笑

妃子笑树势壮旺，树冠疏散，枝条粗硬，叶片较大。果实近圆形或卵圆形，平均单果重30克。果皮淡红色，种子小，多不饱满。可食率79.4%～82.5%，可溶性固形物含量18.4%～19%，肉软滑多汁，清甜带香味，品质优，四川7月下旬成熟。

4. 糯米糍

糯米糍树冠伞形，枝条细密且柔软下垂。叶薄，叶缘波浪状。果实扁心脏形，较大，单果重20.1～27.6克。种子极小，可食率73%～84.4%，含可溶性固形物18%～21%。肉质软滑，浓甜多汁有微香，品质极优，但大小年现象明显。四川7月下旬成熟。

5. 带绿

带绿是全国最优质晚熟品种之一，树高大，枝长、较疏散而坚硬，趋于直立。叶淡绿色，边缘稍向内卷。果实近圆形，单果重15～22克，果皮裂片峰尖锐刺手，果肩上有墨绿色斑块，种子小者居多。可食率75%～80.8%，可溶性固形物含量18%～21%，肉厚质实，爽脆清甜，品质极优。四川8月上旬成熟。

6. 铊堤

铊堤树势壮旺，树冠疏散，枝条粗硬，叶片较大。果实圆形或卵圆形，平均单果重30克。果皮红色，种子较小，多不饱满，可食率79.4%～82.5%，含可溶性固形物18.4%～19%，果肉凝脂白、半透明，果肉脆，细嫩化渣，浓甜清香，品质优。四川8月上旬成熟。

7. 楠木叶

楠木叶是全国优质晚熟品种之一，长势强健，树体高大，树冠圆头形，枝较直立。春梢叶片平展，细长而尖，象楠木叶子。果实心脏形，单果重19.3克。果皮薄，向阳面浅红色，阴面浅黄色，种子大者居多。可食率71%，含可溶性固形物19.7%，肉质细嫩略脆，化渣、汁多，味甜酸带涩，稍有香气，品质中上，可鲜食、制罐等。四川 8 月上旬成熟。

## 第三节 育苗技术

### 一、嫁接育苗

1. 砧木培育

荔枝砧木要选种子发育完全，生长势壮旺，适应性强，与接穗品种亲和力强的品种，一般用本地酸荔枝作砧木。荔枝种子忌烈日曝晒和干燥，在一般室内条件下也会很快干燥变色，丧失发芽力，故采种后应尽快播种，或以湿润河沙催芽后播种。荔枝砧木的苗床要选土层深厚、肥沃、富含有机质，排灌条件好，交通方便的地方。苗圃地应提前耕犁翻晒，施入基肥，起畦平整成 120 厘米宽的长畦，把种子平播在畦面，用细泥或河沙盖没种子为宜。再盖上稻草或荫棚，以防太阳暴晒，并经常保持苗床湿润。播种后经 35 天左右小苗长到 10 ~ 15 厘米高时，幼苗带种子移栽到嫁接圃，嫁接圃要求与播种苗床相同。株行距 18 ~ 21 厘米 × 21 ~ 24 厘米。移栽后要注意浇水，勤施薄肥和病虫防治，冬季搭棚保暖防寒。苗茎径粗达 0. 8 厘米以上时，便可嫁接。

2. 嫁接方法

荔枝嫁接方法有腹接、合接、切接、芽接等，常用合接法和切接法。

(1) 合接法

嫁接时在砧木离地面10~20厘米处，把砧木剪断，削平剪口，然后选平滑的一面自下而上削一刀，长3~4厘米，深达形成层或略带木质部。接穗取自芽饱满、壮实的1~2年生枝条，在枝条下端自上而下削一刀，削口伤面与砧木的削面大小基本一致，留2~3个芽切断。接穗削好后，即把削面与砧木削面贴合，接穗的形成层要与砧木的形成层对准，然后用塑料袋或嫁接膜捆扎固定，再用小塑料袋罩住保湿。接后20~40天，接穗即陆续发芽，新芽长到2~3厘米时，要及时划破罩在顶部的塑料袋，让新芽正常生长。待接穗的芽长到叶片展开且转绿时去除套袋。接穗上第1次梢老熟并已抽发第2次梢后，解除捆扎带，以利嫁接苗正常生长。

（2）切接法

嫁接时在砧木距离地面10~20厘米处把砧木剪断，削平剪口，然后在形成层的内侧向下垂直切一刀，切口的伤面大体与接穗的削面相等，长约2~3厘米。接穗取自1~2年生壮实枝条，把枝条平滑的一面向下削一刀，长2~3厘米，削面背面基部削成马蹄形的切面，接穗留2~3个芽，把接穗插入砧木的切口，然后用塑料袋或嫁接膜捆扎固定，套上小塑料袋保湿，20~40天后接穗陆续发芽。

3. 嫁接后的管理

（1）嫁接后成活的检查和补接　嫁接后30天左右检查成活状况，对明显死亡的要及时补接。

（2）及时抹除砧木的萌蘖　剪顶后的砧木会发生许多萌蘖，消耗养分，影响接穗的萌发和生长，要随时将砧木的萌蘖及时抹除。

（3）施肥、灌溉　在接穗萌芽前应保持苗圃湿润，注意灌水防旱。嫁接苗成活后，在第1次新梢老熟时施腐熟的稀人畜粪水，以后在每次梢期施1～2次薄肥，注意排灌、防旱、防涝。

（4）整形　苗高30～40厘米时进行整形修剪，留3～4个分枝作为骨干枝，培养密集、紧凑的树形。

（5）注意防治病虫害，及时喷药保梢。

4. 嫁接注意的主要技术环节

嫁接时间以4～5月为最佳，气温稳定在18℃～20℃之间。接穗应采取高产、稳产、品质优良的壮健母树上，芽眼饱满、壮实的1～2年生枝条。最好上部带有枝叶，取用分枝处下方养分积累较多的枝段。

荔枝枝条富含单宁，淀粉含量低，维管束不规则，嫁接一般较难成活。特别要注意以下几个关键环节：

（1）操作要快，避免切口久露单宁氧化变色，影响成活。

（2）要在母树养分积累较多的时期选取接穗，或预先对母树一些枝条环状剥皮，促进有机养分积累于剥皮部之上，再从剥皮枝上取接穗。

（3）砧穗形成层接触面要大，并充分密贴，以克服形成层不规则的影响，提高成活率。

## 二、高空压条繁育

高空压条繁育简称高压育苗。繁育时间以4～5月份为好，其次是采果后的7～8月份，9月下旬可下树假植或定植。荔枝高压时，选择品种优良，丰产稳产，生长势壮旺的已结果3~4年生以上的结果母树，径粗1.5~2.4厘米，较直立、皮光滑的壮健枝条，进行环状剥皮和包裹生根基质。在枝条芽眼或节的位置上环割两刀，深仅达木质部，两刀之间距离一般是3厘米左右，将两刀之间的皮层剥去，刮尽形成层，用0.01%吲哚丁酸涂抹切口，然后包扎生根基质（基质可用地衣与含有腐殖质的细泥混合），用薄膜包成梭形，再用绳用力捆绑紧。待高压苗长出2次根后，割苗下树，留苗高40~50厘米，剪去大部分枝叶，解开薄膜，进行假植或定植。

## 第四节 栽培技术

### 一、栽植

1. 园地选择

荔枝易受低温冻害，种植荔枝宜在海拔500米以下的，年平均气温17.4℃~21.5℃，最冷月均温大于7℃，极端最低气温大于-1℃，大于或等于10℃的年积温大于5800℃，年日照时数大于或等于1200小时，年降雨量大于或等于1000毫米，年均相对湿度60%~85%。土壤pH值5.5~6.8，质地以沙壤为宜，有机质含量1.5%以上，土层深厚，地下水位100厘米以下。园地坡度在20°以下，坡向宜南、东南、西南，开阔向阳、避风寒的地段（有霜冻地区避免在西北方向及容易沉聚冷空气的低洼谷地建园）。

2. 定植前的准备

栽植前进行园地规划和设计，包括划分小区、修筑道路、蓄水排灌设施的设置及附属建筑建设等。

定植行为南北向。坡度在6°~20°的山地或丘陵地，建园时修筑水平梯地，采用等高栽植，行向与梯地走向相同，种植荔枝的台面宽不能小于4米，土壤厚度至少要保持80厘米以上的土层。平地和低洼建园，按已确定的定植距离开厢，一般6~8米，厢沟即排水沟的深度根据水位的高低而定，一般沟深70厘米，宽60~80厘米，横向排水沟与纵向排水沟相连通。

3. 定植技术

（1）定植时间　根据气候、立地条件，选择适宜本地区品质优、抗病性强、抗逆性强的优良品种。栽植时间在秋梢老熟后9~10月或3~4月春梢萌芽前带土栽植（在攀西地区在雨季来临带土栽植）。

（2）定植密度　栽植密度根据环境条件、品种、砧穗组合和管理水平等而定，一般定植行株距，坡地可采取6米×5米，亩植22株；平坝8米×6米，亩植14株。

（3）定植方法　栽植窝长宽深均为80~100厘米，每窝施有机肥25~50千克。将肥料与土混匀填入地平面30厘米以下，回填后定植墩高于地平面20厘米以上。清除苗木嫁接膜、适度修剪苗木根系和枝叶，宜保留主根15厘米左右，剪截伤根与未老熟的梢，尽量保留须根。将苗木根部放入窝中央，舒展根系，扶正，边填细土边轻轻向上提苗、踏实，使根系与土壤紧密接触，填土后浇透定根水。栽植深度以土壤沉实后苗木根颈与地面齐平。定植后勤浇水，用薄膜或作物秸秆等物覆盖树盘。

## 二、果园田间管理

### （一）幼年果园管理

定植后至投产前均属幼年阶段，其管理包括如下几个方面。

1. 间作

新种荔枝果园，株行间空地大，为充分利用土地，可在株行间间作豆类、蔬菜、花生等豆科作物或间作结果早、较矮生的果树，如日本梨、葡萄等，以短养长，获得早期经济效益，待荔枝形成结果树冠，开花结果再将其间伐。但不能间作木薯、甘蔗等高秆和攀缘作物。

2. 树盘管理

幼年荔枝树的树盘应常中耕松土除草，提倡树盘覆盖，尤其植后头一年半应常年覆盖厚度为 5 ~ 10 厘米，上培薄土。覆盖物应距离荔枝主干约 15 厘米，以防灼伤树干或白蚁危害。其他株行间应配合间作物的管理，每年中耕除草 3 ~ 4 次。如没有间作，果园除草可采用除草剂和人工控制相结合。

3. 深翻扩穴改土

在根系伸出定植穴以前，即开始进行深翻扩穴，施肥改土，逐年有计划地沿着原穴壁向外挖宽、深各 50 ~ 60 厘米的深沟，1 次可挖一侧或两侧，逐层埋入青草或作物残体、树叶或绿肥，撒施少量石灰，上层施入农家肥和磷肥。每年雨季结束后，宜在树盘培土1次，每次每株培新土4～5担。

4. 水肥管理

除定植初期要淋水防旱保证成活以外，平时应做到久旱不雨时及时灌水，尤其是当年定植偏迟的更应加强冬季水分管理。雨季排涝，防止积水。定植成活后即可开始施肥，薄肥勤施，掌握“一梢二肥”，即在枝梢顶芽萌动时和转绿期各施1次肥。一般定植后第1年施肥量较少，可用稀释2～3倍的腐熟人粪尿，每次每株3～4千克；也可在稀薄的人粪尿中，每担加入尿素200～250克，可每次每株施尿素20～25克，或复合肥25～30克。第2年起在第1年的基础上约增加施肥量40%～60%。施肥时，在树冠滴水线开环沟、半环沟或侧沟（深5～10厘米），施肥后覆土。此外，也可结合病虫防治进行根外追肥。

5. 整形修剪

荔枝幼树在较好的肥水管理条件下，每年可抽新梢4～5次，枝叶繁茂，可逐年整形，将荔枝树培养成半圆球形或圆锥形树冠。具体做法是培养高30厘米左右的矮化主干，主干上留分布均匀的主枝3～4条（一级分枝），每主枝留2～3条副主枝（二级分枝），剪去其余的枝条。主枝和副主枝构成树冠的骨架。对枝条短而密集的荔枝品种，可任其侧枝自然分枝生长；对于枝条长而壮的荔枝品种如楠木叶、妃子笑等，可在新梢长至20～25厘米时进行摘心，或在新梢转绿后留20～25厘米长进行短截，增加分枝级数以促使紧凑树冠形成。

（二）结果树的管理

定植后的荔枝苗在正常栽培管理条件下，一般8～10年已具有较大的树冠，具备了正常开花结果的能力。在荔枝生长与结果矛盾的统一中，开花结果是主要方面，比较容易成花，花期较长，雌雄花相遇的机率较高，荔枝进入丰产期，比较容易获得丰收，但往往因结果太多而导致枝梢衰弱，甚至在当年不能萌发新的秋梢结果母枝，导致下一年不能结果，因此，应加强调节果实的生长发育以利于秋梢结果母枝的萌发，创造根际良好生长的土壤环境。

1. 施肥

（1）花前肥　在见到花蕾的时候施。花前施肥可促进花芽分化、花穗发育、增加花量、改善花质、提高坐果率，花前肥以磷、钾为主，不能施过多的氮肥，否则会形成带叶花穗和花穗过长，对坐果不利，还会使根系和枝梢生长过旺而消耗大量的养分，引起落花落果。一般挂果50千克的植株，每株施复合肥0.5千克或尿素0.5千克、氯化钾0.25千克、过磷酸钙0.5千克混合施。早熟种在开花前喷两次根外肥，以补充树体营养，相隔10天喷1次，用磷酸二氢钾30克，加硼砂15克、硫酸镁15克，对水15千克喷施。中、晚熟品种在花穗期喷两次根外肥：第1次用硼砂15克，加磷酸二氢钾30克、核苷酸半包，对水15千克喷施；隔10天喷施第2次，用硼砂15克，加磷酸二氢钾30克、15%芸苔素1.5克，对水15千克喷施。

（2）稳果壮果肥　于幼果期及果实发育中期施用两次肥。以钾肥为主，配合磷、氮肥。一般结果50千克的植株，每株每次施复合肥1千克或尿素0.5千克、氯化钾0.5千克、钙镁磷肥0.5千克。同时要进行两次根外追肥和喷洒植物激素保果，早熟种第1次在4月上旬，每株用尿素45克、磷酸二氢钾30克、防落素0.75克，对水15千克喷施；第2次在4月中旬，用尿素45克，加磷酸二氢钾30克、0.15%芸苔素1.5克，对水15千克喷施；中、晚熟品种第1次在5月初，用尿素30克，加磷酸二氢钾45克、防落素0.75克，对水15千克喷施，第2次在5月中、下旬，用尿素30克，加磷酸二氢钾45克、赤霉素0.45克，对水15千克喷施。

（3）采果肥　采果肥可加快恢复树势、促发秋梢、培养健壮结果母枝、奠定翌年丰产基础。早熟种在采果后1周内施下，中、晚熟种在采果前1周施下。一般结果50千克的植株，每株施复合肥1千克或尿素0.5千克、氯化钾0.5千克、硫酸镁0.25千克。

（4）促秋梢肥　在秋梢萌发前施下，应施速效肥促梢，干旱缺水时，一定要灌水促梢，才能起到作用。一般结果50千克的植株，每株施尿素0.5~1.0千克、氯化钾0.25~0.5千克、硫酸镁0.1千克。

（5）果园改土施肥　定植1年后，在原定植穴的外缘，向外扩挖深50~60厘米、宽30~40厘米的环状沟或对面沟，分层填入改土材料，同时结合施放迟效性的堆肥等50~100千克、饼肥4~5千克、钙镁磷肥或骨粉1~2千克、石灰0.5~1.0千克。杂草、绿肥等粗肥混石灰及表土填于坑底，堆肥、磷肥、骨粉、饼肥放于中层，心土（坑底层土）放上层。覆盖高出地面 10 厘米，以防积水。这项工作逐年进行，最后达到全园深耕熟化。

（6）根外追肥　常用的肥料有：尿素、磷酸二氢钾、过磷酸钙、氯化钾等。在幼果发育期，施用 2～3 次，结合防治虫害，喷施 0.3% 尿素和 0.2%～0.3% 磷酸二氢钾，每隔 10～15 天喷 1 次。秋梢停止生长至老熟期，施用 2～3 次，特别是秋梢抽生比较晚或树势比较弱，喷施 0.3% 尿素和 0.3%～0.4% 磷酸二氢钾，有利于秋梢尽快转绿老熟和提高秋梢质量。秋梢老熟后，喷施磷酸二氢钾，能提高秋梢叶片含钾量，有利于花芽分化，提高抽穗率。

2. 灌溉

促花期的 1～2 月、挂果期的 5～7 月和秋梢抽发期的 7～9 月，遇干旱需及时灌溉，多数采用低压管道灌溉。

注意：在花芽生理分化期的 10～12 月，不能灌溉或淋水。

3. 修剪

修剪主要疏剪去交叉枝、过密枝、纤弱枝、病虫枝、荫蔽枝、下垂枝、弯枝等无效枝，使树冠疏朗透风透光。结果树在采果后的 7～15 天进行短截、疏枝，促进秋梢抽发。密植园应提倡间伐，减少短截和疏枝。

4. 土壤管理

种植在坡地的成年荔枝园，由于土壤较浅薄，根盘容易裸露地面，应逐年培土，每年在根盘的周围培以富含有机质的客土，如堆肥、沤肥、厩肥等，并在树冠外围稍内逐年轮换深翻、扩穴、埋压绿肥、改良根际土壤。每年果园至少耕两次，耕翻时，愈接近根茎处愈浅。

5. 控制冬梢和杀冬梢

(1) 冬梢的认定　在荔枝花芽生理分化期开始前不能转绿的枝梢就是冬梢。

(2) 控制冬梢的策略　①杀冬梢。一般是针对早梢的植株，在荔枝花芽生理分化期开始时采取人工或者化学方法杀死冬梢。②抑制冬梢。一般是针对迟梢的植株，在末次梢转绿后开始喷洒生长调节剂抑制顶芽的萌动。

(3) 控制冬梢的办法　采取环割或者环剥，断根，覆盖地膜和喷洒植物生长调节剂化学控梢（“控梢利花”）和化学杀梢（“帮你控”）。

6. 控制花穗、提高花穗质量

(1) 控制花穗的内容　①培养适时抽生的花穗；②缩短花穗节间；③减少花穗的花量。

(2) 控制花穗的目标　①适时抽生花穗；②花穗节间一般在3～5厘米，控制在1～2厘米为宜；③每支花穗花量一般是2000～3000朵，减少至750～1500朵为宜。

(3) 控制花穗的办法　①花穗要适时抽生，关键是培养适时的末次梢。②当花穗抽出约5厘米，喷1～2次控梢利花，就可以缩短花穗节间。③在花蕾期进行疏花。

7. 促进花序适时抽出，确保花序正常发育

在花芽萌动时期应淋水或灌水以确保花序适时抽出，并配合采用“复合型细胞分裂素”喷雾；可进行人工摘穗，也可化学控穗；树势壮旺的需化学控穗（低浓度“控梢利花”）；同时施壮花肥（腐熟有机肥，叶面肥，硼磷钾等）能显著提高花穗质量，雌花开放期延长，有利正常坐果。

8. 减少生理落果

（1）荔枝生理落果时期　①第一期，雌花谢后20~25天（焦核、大核品种）；②第二期，雌花谢后40~45天（焦核品种）；③第三期，雌花谢后50~55天（焦核、大核品种）。

（2）荔枝生理落果的原因　①第一期，胚乳消失；②第二期，胚败育；③第三期，果肉生长和根系、夏梢等营养生长争夺营养；④品种特性影响，绛沙兰、桂味较丰产稳产，大红袍、妃子笑、带绿、铊堤、楠木叶等则丰产稳产性较差；⑤开花习性的缺陷，花穗过长、花量过大（尤其是第二期雄花）、雌花比例较低、开放期短、雌雄花开放间隔长和相遇期较短等问题；⑥管理水平与植株营养水平影响，土壤有机质含量低，土壤板结，保水保肥性差，根系吸水吸肥力弱；⑦生长条件与树势差异，树势强弱与丰产稳产性关系密切（树冠大小、绿叶层厚度 、树体营养积累和叶果比等）。

（3）减少荔枝生理落果的主要措施　①花蕾期环割或者环剥1次；②雌花谢后15~20天、35~40天、50

~55 天各喷 1 次保果剂“果特灵”和“复合型细胞分裂素”，共喷 3 次，也可每隔 10~15 天根外追肥“复合型核酸”1 次；③雌花谢后 40 天开始要每 10 天定期土施磷钾肥；④挂果期要保证水分的供应。

（4）保果时还应注意的具体问题 ①化学药物控穗。主要目的是缩短节间减少花量，提高雌雄花的比例，并延迟花期。因此，可用于纯花穗和带叶花穗，尤其是对长花穗品种大红袍、妃子笑，是必不可少的技术环节。在花穗长 5~10 厘米时应用，花穗过短时应用则会过度抑制花穗伸长，过长时应用则无效果，关键是在花穗节间伸长之前。②生长调节剂的合理使用。“果特灵”坐果期限使用 3 次以内，应用时间隔 15~20 天以上，不能与 2，4-D 同时使用。荔枝保果素、复合型细胞分裂素和复合型核酸则无此限制。③环割或者环剥保果。环割，生长偏旺的树和幼年结果树，在谢花后 10~15 天环割 1 次，较旺盛树和挂果较多的树在谢花后 40~50 天环割第 2 次；环剥，在花穗 7~10 厘米长时进行，或谢花后 10 天进行，如在广州，糯米糍和桂味于 3 月上中旬进行环剥保果。

（5）防裂果 有机肥改土，尽量少用化肥，维持水分均衡（适时排灌，喷水）。冬季果园撒生石灰，花期、果期喷施钙肥，控制 2,4-D 用量，避免或减少其副作用。

## 第五节 病虫害防治

### 一、病害防治

1. 霜疫霉病

90%乙磷铝锰锌500倍液或25%瑞毒霉600倍液，58%瑞毒霉锰锌400倍液，64%杀毒矾600倍液，可杀得2000用1000倍液。

2. 炭疽病

炭疫灵可湿性粉剂800倍液，或可杀得2000用1000倍液，或喷50%甲基托布津可湿性粉剂1000倍液或灭病威400倍液。

### 二、虫害防治

1. 荔枝蝽蟓

荔枝蝽蟓从越冬成虫开始活动至产卵前，或在卵块的初孵期，90% 的敌百虫600倍液，或20%安绿宝1000倍液。

2. 荔枝小灰蝶

防治方法：①及时摘除虫果，减少虫源；②掌握老熟幼虫在树干表皮裂缝化蛹的习性，用铁丝钩杀；③在幼虫初孵至盛孵期用90%敌百虫晶体800倍液防治，或结合防治荔枝蒂蛀虫进行。

3. 龟背天牛

用棉花团蘸乐果或敌敌畏乳剂5~10倍液，塞入蛀道；用克牛灵胶丸剂熏杀幼虫效果更好。

4. 荔枝瘿螨

20%的三氯杀螨醇800～1000倍液，或40%乐果1000倍液，或用克螨特、扫螨净等喷杀。

5. 荔枝叶瘿蚊

4月上中旬越冬成虫羽化出土前，用5%锌硫磷40倍液拌细泥沙撒施全园后浅耘表土；春、秋梢展叶前喷40%氧化乐果1000倍液，或90%敌百虫800倍液。

6. 荔枝尺蠖

以绿额翠尺蠖、油桐尺蠖和大钩翅尺蠖等发生量大，危害严重，对菊酯类和有机磷类杀虫剂的抗药性都已大幅度提高。

防治方法：①冬季清园清除树冠下的枯枝、落叶、杂草，减少越冬虫源；②控制冬梢抽生，中断其食料来源；③在幼虫幼龄期，可用80%敌敌畏乳油1000倍液，或90%敌百虫晶体800倍液，或10%灭百可乳油2000倍液防治。

7. 荔枝蒂蛀虫

（1）荔枝蒂蛀虫是目前对荔枝生产影响最大的害虫。①造成果实的脱落；②导致果实变小；③虫粪果影响鲜果食用。

（2）蛀虫发生期：①从荔枝果花生仁大小时开始侵害，一直到果实采收。②3～5月份，每30天1个世代；6～8月份，每20天1个世代；在荔枝挂果期，基本上是每月1个世代。

（3）防治要点：①控制冬梢减少越冬虫源；②幼果

期加强防治，减少虫口密度；③喷洒农药要注重树冠的枝干，因为成虫常常伏在枝干；④重点杀成虫，根据预测预报时间，每1世代掌握在成虫羽化率30%和80%时喷药2次；⑤及时把落果清理并掩埋。

# 第六章 龙　眼

## 第一节　概　述

龙眼为南亚热带水果，适应性强，长寿、丰产，栽培历史悠久，故百年龙眼树各栽培区皆有。龙眼又名桂圆，富含营养，果实圆形，色黄，肉质细嫩，色泽晶莹，汁多甜浓清香，果肉含可溶性固形物 18% ~20%，含糖 12.4% ~22.6%，粗蛋白 1.5%，粗脂肪 0.1%，粗纤维 0.09%，及无机盐、灰分、钙、磷、尼克酸等，每 100 克含维生素 C 68.7 ~144.8 毫克、维生素 K 196.5 毫克，对人体有很高的营养价值。龙眼制成干果，其肉是很好的滋补珍品。明李时珍《本草纲目》载："龙眼味甘，开胃益脾、补虚益智。"龙眼有养心安神，扶脾益血之功效，可治病后虚弱，妇女产后血亏等病症，是国内外市场很受欢迎的畅销商品。

龙眼花穗大，花朵密，在柑橘、荔枝开花之后，花期蜜腺分泌丰富，气味芳香，是南方重要的优良蜜源植物。龙眼树终年常绿，树冠高大繁茂，丰姿佳魄，绿叶黄果，可作为美化环境、绿化丘陵山地和水土保持的独特经济树种。

世界龙眼以我国栽培面积最大，产量最多。泰国、印度、马来西亚、越南、菲律宾也有栽培。19 世纪后才输入欧洲、美洲、非洲、大洋洲的部分热带、亚热带地区。我国主要集中在东南沿海，主产区为福建、台湾、广东，其次为广西、四川。四川分布在川南一带，沿长江、沱江、金沙江、岷江两岸的泸州市江阳区、龙马潭区、纳溪区、泸县、宜宾、屏山、江安等地。

## 第二节 主要优良品种

1. 蜀冠（泸园 86—2—6）

蜀冠由泸州市园科所从 44 年生实生树选出。在泸州市农科所、泸县、江阳区、纳溪区等有成片种植；宜宾、江津、涪陵、云南、广西等地也有引种栽植。蜀冠平均穗重 450 克，穗粒 44.6 粒，着果较密、果近扁圆形，果壳黄褐色，果大，单果重 11 ~ 12 克，大小均匀，皮厚 93 毫米，可食部分 66.1%，含可溶性固形物 21.5%，果肉质脆，味甜汁多、微香、品质上等，丰产性好，是鲜食、制干、制罐的良种。9 月上、中旬成熟。

2. 泸丰一号（泸园 106）

泸丰一号由泸州市园科所从 20 世纪 70 年代生实生树选出。分布于泸县、江阳区、纳溪区、合江县、宜宾、江津、云南等地，已列入 1975 年四川省《良种图谱龙眼 106》。泸丰一号果穗大，平均穗重 750 克，平均着果75粒，果近圆形，果壳浅黄褐色，平均果重10.2克，可食部分67%，含可溶性固形物21%，皮较厚，果肉质脆、较化渣、味甜较浓，汁中等不流汁，有香气，品质上等，丰产稳产性好，是鲜食、制干、制罐良种。9月中旬成熟。

3. 泸早一号（八月鲜）

泸早一号由泸州市园科所从20世纪60年代实生树选出，母树已死，仅保存后代。泸州各县区均有分布。泸早一号果穗中等，着果较密，平均穗重480克左右，每穗着果50~70粒，果近圆形，果壳黄褐色，果皮薄，单果重10~10.5克，可食部分66.3%，含可溶性固形物21%，果肉细嫩、化渣、味浓甜，果肉表面不流汁，品质上等，较丰产，是鲜食早熟良种。8月中旬成熟。

## 第三节　生长结果习性

### 一、根系分布和生长

龙眼根与菌根菌共生，根系发达，有垂直根和水平根。成年树在深厚土壤里主根深入土层2~3米，在树冠滴水线内外，细根、须根密集，吸收力也强，大部分吸收根分布在10~100厘米土层中，而多数集中在30~40厘米以内。

一般土温达到12℃以上的3~4月，新根开始活动，土温上升到20℃~27℃的5~6月是根的高峰生长期，以后9~11月有一次微弱生长，当土温降至10℃以下的

12~2 月时，根系基本停止活动。根系生长受结果大小年影响很大，小年结果的根系生长高峰期是 7~8 月；大年结果树最大一次新根生长高潮是在采果后的 10 月下旬到 11 月下旬。

## 二、枝梢

枝梢是构成树冠的基础，每年抽生多次，一般以抽发至停长的时间范围划分，即立春、立夏、立秋、立冬以后抽的枝梢分别称春梢、夏梢、秋梢、冬梢。20 年生的树春梢最多，次为夏梢，秋梢最少。

### （一）春梢

春梢通常由头年的夏、秋梢及未萌发的采果枝或老枝抽出。稳产树的春梢量小，抽生期正值花芽分化，与花芽争夺树体养分，可适时剪除。然而幼龄旺树当年穗少或“冲梢”者，则春梢量多而壮，可适当留作扩张树冠。抽发时间在 3 月中旬开始萌发，5 月上旬老熟，历时约 55 天，平均复叶数 8 个，枝长 21.5 厘米，枝粗 0.58 厘米。

### （二）夏梢

夏梢抽出时值气温高，雨量充沛，为龙眼夏梢生长高峰，但会因挂果多少而影响抽梢数量、质量的差异。如结果多，则抽梢较少较弱；反之结果少或结果中庸的植株，则夏梢抽生较多较壮。夏梢生长停止后，可继续萌发秋梢，或不萌发直接成为来年的结果母枝。抽发时间在 5 月下旬至 6 月初萌发，7 月上中旬老熟，历时约 44 天，平均复叶 6 个，枝长 21.12 厘米，枝粗 0.69

厘米。

（三）秋梢

一般抽生在当年夏梢顶端的夏延秋梢，枝条萌发早而壮，梢径在0.8厘米以上，复叶达10片左右，节间短密者，来年多为高产结果母枝。另有抽生在采果枝或短截枝的秋梢，萌发较迟，生长势弱，多数难成为来年的结果母枝。故而在采果前重施肥水，培育早抽较多的健壮秋梢，是促进来年高产稳产的重要措施。抽发时间于7月下旬至8月初萌发，8月下旬老熟，历时约33天，平均复叶数7.1个，枝长11.04厘米，枝粗0.68厘米。

（四）冬梢

成年树一般很少抽出，幼树肥培不当，或秋末冬初高温不降，有可能抽发晚秋梢或冬梢。这些枝梢叶片不能正常转绿老熟，积累少，第二年不能形成结果母枝。控制办法是在嫩梢期进行人工摘除，或用乙烯利200~300PPM浓度喷洒。

## 三、花果生长发育规律

（一）花芽分化

龙眼属于当年花芽分化，当年开花结果的果树。从2月上旬花序原基开始形成到4月上旬花穗形成，大约需两个月时间。在花芽分化前需有一段低温、冷凉、干燥天气过程，有利于花芽分化。

（二）花性与开花规律

龙眼属于聚伞花序，圆锥形排列的混合花序，每花序着花数百朵至数千朵，花性有雌花、雄花、雄能花，畸形花4种，通常平均雄花占67%，雌花占17%，其余花占6%～10%。雌雄花比例与气候、树势、管理水平有密切相关。雌雄比例一般为1∶4，若树势弱、管理差则其比例为1∶17，而肥水管理好，树势好的树雌雄花比例可高达1∶1。开花温度从20℃开始，最适宜开花温度为21℃～26℃。初花期5月初，盛花期为5月中旬，末花期5月下旬、6月上旬。开花期需要晴朗天气，有利于雌花受精，加之雄花比雌花高数倍，成片龙眼园单株之间开花规律交叉并存，全园内雌雄花同时开放受精机会很多，一般坐果率最低也在9.2%，最高达40.1%，平均坐果率为16.6%。

（三）果实发育

谢花后1个月果实纵径增长快，种子先发育，7～8月果实迅速增长肥大，果实横径增长显著，这时需消耗大量的氮素，如供应不及时会大量落果。泸州果实成熟期，早熟种在8月下旬，中熟种在9月上、中旬即白露前后，晚熟种在10月上、中旬。

## 第四节　对环境条件要求

### 一、温度

龙眼喜温暖、湿润，不耐低温霜冻。在年均温18℃～24℃地区栽培为宜，以年均温20℃～22℃为最适宜。在冬季气温急剧下降并伴有霜雪天气，会发生冻害。

## 二、水分

龙眼在整个生育期中，要求有充足的水分，在一年中如雨量分布不均，对生长结果不利。如枝梢抽发、生长、果实发育、根系生长大的6~8月，需要有水分供应，保持土壤湿润，否则影响生长、发育和产量。花期遇阴雨会影响授粉授精，花芽分化期需有一段低温、缺水过程，促进营养物质积累，有利于花芽分化。

## 三、风

若花期偶遇从我国西北部吹来的焚风（即火风），气候特别干燥，并夹有大量黄沙微尘，会使雌蕊柱头粘黄沙，不能授粉而干燥凋谢，对产量影响极大。解决办法是在落黄沙后立即用水冲洗，可减轻危害。

## 四、地势

龙眼适宜种植在海拔400米以下江河两岸、平坝、丘陵、山地。一般在江河两岸种植，利用大水体气候，热量丰富，能丰产稳产，并对江河水土保持、建立两岸绿色长城观光农业最为理想。在种植上无论丘陵、山地、平坝都应选择开阔、向阳地势。低洼地势，冷空气易沉积不散，龙眼易遭冻害，不宜种植。

## 五、土壤

龙眼根系与菌根菌共生，根系发达，对土壤适应性较强，沙质壤土、砾质壤土、红黄壤土、紫色土、灰色土、冲积地都能生长，但以沙质、砾质土最好。无论哪类土壤，土层深厚不少于 1 米，有机质含量在 1% 以上，土壤酸碱度应为中性至微酸性。

## 第五节 苗木繁育

龙眼的繁殖有实生、高压、嫁接等方法。现主要采用嫁接法繁殖苗木用于生产。

### 一、嫁接方法

（一）快速育砧

用早采种子、催芽点播、勤施肥水、越冬防寒、摘心除芽等综合技术措施，缩短育砧周期。

（二）小苗嫁接

单芽切接、改良切接操作易、接穗省、成活率高。不论何种接法，叶区嫁接成活率比叶区以下嫁接要高（嫁接在叶区成苗率为 80% 以上，在叶区以下嫁接其成苗率为 60%）。

1. 叶区单芽切接方法：①剪砧木，在砧木有两片以上腹叶光滑处剪断削平，选砧木直立一侧，纵切一刀，稍带木质部，伤面长 2 厘米左右；②削接穗，在接穗芽下选平面，削去 2 厘米，稍带木质部的平削面，然后在背面削成 45 度斜面，留单芽（或双芽）剪下，让穗砧削面吻合，再缚扎并用微膜全封闭，发芽后自动破膜而出。

2. 叶区单芽改良切接法：①剪砧木，从下往上用刀削成砧木斜面，在斜面处，往砧木内斜纵切长 2 厘米平面；②削接穗，在接穗芽下斜削 2 厘米长平面，其削面为 60 度，背面反削，一刀呈 45 度，单芽剪下与砧木吻合插入即成，然后缚扎微膜全封闭。

## 二、合格嫁接苗的出圃要求

1. 品种纯正。嫁接苗必须是经审定的优良品种或市、县（区）科研、农业部门鉴评为优良株系上采穗繁殖苗木，并有鉴评资料供查证，严防假冒和以劣充优。

2. 嫁接口愈合良好。接口无瘤状组织，绑扎材料已解除，嫁接口离地面 30 厘米以内。

3. 接穗生长健壮。嫁接口以上茎干长 30 ~ 40 厘米，离接口 3 厘米处干径 0.6 厘米左右，生长发育正常。

4. 根系健全、须根发达。

5. 无严重病虫害。

## 三、嫁接苗的挖运移栽

为保证定植后的成活率，必须进行带土移栽。挖苗时每株在根部周围留未松撒的泥团 4 ~ 5 千克，运输必须做到：

1. 挖苗时以龙眼苗为中心，用起苗器或踩撬 10 ~ 15 厘米范围内的泥团不能挖撒挖松，避免泥团内根系裂断。

2. 挖起的龙眼苗应单株用稻草或其他材料包扎。

3. 装车运输时，应衬垫些防震或减震物，驾驶员也应在行车时尽量避免颠簸跳跃，以防震散泥团。

## 第六节 早结丰产栽培技术

龙眼栽培必须是高标准建园和良种壮苗，为早结打好基础。幼龄期龙眼在于加强管理，使速生快长，扩大根系生长范围，增加根量；培养生长健壮，分布均匀的骨干枝；扩大树冠，新增绿叶层，为结果奠定好基础。

### 一、良种壮苗定植

苗木定植前要求改土，窝深0.6~0.8米、宽0.8米，窝内分层施入渣肥、塘坭、绿肥、稿秆或人畜肥等50千克，混施磷肥、饼肥各2~3千克和少量石灰，经1~2月充分腐熟后回填土壤与肥料混合均匀，再在肥料上层加厚30厘米熟土层定植苗木。定植苗木时做到一高、二正、三灌水的栽植苗要求：一高是栽后根颈高出地平面15~20厘米；二正是栽植苗要扶正；三是灌足定根水，使根与土壤紧密结合，切忌踩压栽苗。带土定植嫁接苗的要求，苗高80厘米，接口3厘米以上径粗0.8厘米，干高30~40厘米以上，有分枝3个以上，须根发达。定植行株距，坡地可采取6米×5米，亩植22株；平坝8米×6米，亩植14株。栽植时间，春、秋季均可。春季在未发芽前或春梢停长后；秋季亦可在秋梢抽发前或秋梢老熟后进行。栽植形式，坡地用等高栽植，平坝、丘陵以长方形为好。栽后灌足定根水，发芽成活后勤施、薄施清粪水，以后逐渐加浓，干旱时注意抗旱和冬季防冻，作好幼树期的病虫防治。

**二、整形修剪**

龙眼定低主干，结果早，树形矮化，便于管理，定干高度以 30 ~50 厘米为宜，定干以上选留错落生长的 3 ~4 个生长健壮枝条作为主枝，以后在主枝上再留副主枝、侧生枝，使各级枝向四周均匀扩展，培养成自然圆头形树冠。

结果母枝的培养，是龙眼早结丰产的重要环节，龙眼结果母枝主要以强壮春夏梢和春夏秋梢为主。而结果母枝的抽发、老熟时间和强弱，直接影响次年的开花和结果。因此，通过在 4 月下旬至 5 月初剪除较细弱、长势较差的 50% 的春梢、夏秋梢进行抹芽放梢，春夏二次梢的末次梢在 6 月下旬放梢，8 月中下旬老熟的梢成花最佳，结果率高；春夏秋三次梢的末次梢以 8 月上旬放梢，10 月初老熟的梢成花最佳，结果率更高。

**三、土壤管理**

龙眼的根系与菌根共生，需要有疏松、质地较好的土壤才有利于植株生长，因此对园土要多施人畜肥、厩肥、饼肥、翻入绿肥、增加土壤有机质含量，才能保证龙眼生长发育持续稳定。园内种植绿肥、翻入绿肥是覆盖园土、减少水土流失、培肥地力的重要措施。春季种大豆、绿豆，秋季种蚕豆等在春夏花期翻入园地，能以园养园，增加土壤养分积累。幼树阶段的行、株间隙大，可间种蔬菜、花生、草莓和速生的桃、日本梨、李等果树增加收益。随着龙眼树冠的扩大，对间套果树逐步进行淘汰。果园内严禁种高粱、玉米、小麦等高秆和攀缘性作物。果园多数结合翻埋绿肥，每年进行 1～2 次较深的中耕。春季在 3 月，秋季在 8 月，在根系生长微弱期结合压青翻绿肥一并进行，对伤根的恢复和新根生长极其有利。穴盘内除草做到无杂草，深度以不伤根为宜。夏、秋季高温期利用绿肥作物生长或让园地宿留杂草作天然覆盖，有利抗旱保湿和水土保持，可减少除草次数，有利于龙眼生长。

## 四、合理施肥

### （一）幼龄树施肥

幼龄树，根量少，分布浅，扩展小，施肥原则应为勤施薄施，做到以肥引根，以肥养根，促根群发育。定植成活后 1 个月即可施肥，可用 30% 腐熟人畜肥加 0.5% 尿素进行根际撒施，每株施 10 千克左右。全年施 6～8 次肥，以 2 月发芽前和夏、秋梢抽发前后的 5、6、7、8 月份施肥，促春、夏、秋梢抽发，迅速扩大树冠，每株每次施复合肥或尿素 0.1～0.15 千克，可树盘撒施，也可与人畜肥混施。以后随树冠扩大，用肥量逐年增加，1～3 年幼树施肥按“勤施薄施”，“一梢二肥”施肥原则，即枝梢顶芽萌动时施入，促新梢伸长和展叶，当新梢伸长基本停止，叶色由红转绿时施第 2 次肥，促使枝梢迅速生长转绿。

(二) 结果树施肥

1. 土壤施肥

春季4月上中旬现蕾期重施花前肥，每株施腐熟人畜肥30千克，尿素0.3千克，过磷酸钙0.7千克，钾肥0.5千克，主要供开花所需营养。这次施肥不能施得过早，以免遇上高温天气对花芽分化不利。第2次施肥是在谢花后，幼果并粒期施用，补充开花时消耗的营养和稳果、幼果生长发育所需养分，可施氮、磷、钾配合的速效肥，氮、磷、钾比例为1:1:2，尿素0.5千克，过磷酸钙1.5千克，钾肥0.55千克，与粪清水30千克混施。第3次施肥于7月底或8月初，主要供果子迅速膨大和树体养分积累，每株施腐熟人畜肥30千克，尿素0.4千克，过磷酸钙0.5千克，钾肥0.5千克。

2. 根外追肥

促秋梢老熟和营养积累，常采用根外追肥。使用肥料和浓度，以磷酸二氢钾0.3%，加尿素0.2%~0.3%混合液，选择晴天早上露水干后或下午6点钟左右气孔开放时，对树冠进行喷雾效果最佳。根外追肥次数根据叶片老熟情况，一般在9月和10月两次喷洒。

## 五、控制晚秋梢或冬梢

在正常的气候条件下，也就是冬季适当低温和干燥的情况下，只要栽培管理措施得当，龙眼就可正常开花。但是当天气异常时，树体的生长常态被打乱，开花所需的各种营养、激素及其比例失去了平衡，冬季营养生长过旺。因此在这样的情况下必须通过人为调控的办法来控冬梢促花，目前主要是通过化学调控并辅以栽培措施，来减少龙眼成花所需要的营养的消耗和维护激素平衡，使龙眼能够顺利地从营养生长向生殖生长转变，抵消异常天气对龙眼开花带来的负面影响。其措施有：

1. 断根制水

10 月，对树势较旺、芽苞饱满的在根盘深锄 20 厘米断根或者在树冠滴水外深挖 30 ~ 40 厘米环状沟，切断水平根，减少水分，迫使停止生长。断根既能控制根系吸收能力，调节植株生长势，有利于提高树液浓度，又能抑制晚秋梢或冬梢的抽发，对促进成花有一定效果。此法只能在生长壮树上进行。

2. 药物控制

在秋梢叶片开始转绿有光泽时（8 月下旬）喷洒多效唑有好的效果，浓度用 1000ppm 多效唑加 0.15% 比久或者青鲜素，再加 0.2% ~ 0.3% 的磷酸二氢钾有壮梢和控梢作用。以后遇上枝梢顶芽鳞片松开，叶色黄绿，有可能再次抽梢（晚秋或冬梢）时，须第 2 次喷洒 300 ~ 400 ppm 的乙烯利加多效唑抑制生长点，不让抽梢。如果在 12 月初以后继续抽发冬梢，待其长至 5 ~ 6 厘米时，用宇花灵 2 号喷施 1 ~ 2 次，诱导其变成花芽。对晚秋梢实行早控，待其老熟时已经进入了寒冷的 1 月，在其转绿前就要喷施宇花灵 1 次，用宇花灵 2 号 1 瓶加水 105 千克，喷湿叶面，使它能在低温的 1 月下旬至 3 月分化成花。在 2 月上中旬龙眼出现露红时，若出现带小叶，再喷施 1 次，防止其因遇上 20℃以上的高温而发生“冲梢”，提高雌花比例，使枝梢达到早充实、早积累，培养叶片节间密而短壮的秋梢结果母枝。

### 六、抑（杀）春梢，提高雌花比例

春梢的抽生不利于开花，荔枝龙眼的花芽大多是花芽和叶芽的混合芽（混合花序），若小叶生长过旺，则花芽受到抑制，或花芽退化，或造成落花落果，影响花质，降低坐果率。因此在生产上要尽快抑制花序中的小叶。传统办法是采取人工摘除。该方法工作量大，不适于大型果园采用，同时无法提高雌花比例。目前是采取化学调控法，使用杀梢药（乙烯利或宇花灵）在 3～7 天时间内，控制和杀除春梢中的幼嫩叶片或混合花序中的小叶，抑制营养生长，保护和促进花器的发育，提高成花率和成花质量。

## 第七节　病虫害防治

### 一、病害防治

1. 龙眼丛枝病

龙眼丛枝病又名鬼帚病，系四川省检疫性病害。以福建、广东、广西等省发生普遍。危害时间主要是春、秋季的新梢和花穗。

发病症状：幼梢受害的小叶色淡、萎缩、狭小、叶缘卷曲、不展开，直至整个叶片细长带状，呈烟褐色，状如幼嫩蕨叶。成型叶片受害呈卷曲、皱缩，叶尖向下，叶缘向叶背卷曲，凹凸不平、波状、小叶柄扁化变宽。整个枝叶受害严重后呈丛枝、扫帚、秃枝、鬼帚枝。病株受害花穗节间缩短成丛生、簇状，花朵畸形膨大，花量多，密集，偶有少量果实，果小肉淡无味，不堪食用。

防治方法：①严禁从病区引入砧木、种子、穗条和嫁接苗，严格执行苗木调运植物检疫制度。②对外地引进龙眼苗木，在夏、秋季注意检查，一经发现病苗、病树应及时烧毁。

2. 叶斑病

叶斑病主要危害成叶或老叶，常表现有白星病、褐斑病、灰斑病等症状。

防治方法：①清除枯枝落叶，集中烧毁，减少菌源传播。②发病初期连续喷药2~3次，间隔10天喷1次0.5%波尔多液或70%甲基托布津800~1000倍液均有效果。

3. 烟煤病

烟煤病是由在枝、叶、果表面有暗灰色、褐色或黑色的子囊菌的烟煤菌所致的病害。

防治方法：①本病发生于蚧类、粉虱刺吸式口器危害后引起的烟煤病寄生，用20倍松脂合剂和扑虱灵1500倍液防治1~2次蚧类和粉虱害虫，可减少寄生。②发病初期喷0.5石灰过量式波尔多液或灭菌丹400倍液，以抑制其蔓延。③加强树冠外围枝修剪，以利通风透光，可减轻发病危害。

4. 地衣、苔藓寄生病

龙眼地衣和苔藓是老龙眼树枝干上常见的附生植

物，严重影响新梢萌发和树干生机，使树势早衰、产量下降，且为病、虫提供孳生场所。

防治方法：①加强栽培管理，如施肥、培土、中耕除草、亮沟排水等项必须及时进行，可增加树势，对枝干上的地衣、苔藓和老树皮进行刮除并集中烧毁。②树枝干上的地衣、苔藓刮除后于春季雨后用10% ~15%石灰乳液涂抹，或6% ~8%烧碱水喷洒，以免继续传播危害。

## 二、虫害防治

### 1. 卷叶蛾

卷叶蛾在四川地区1年发生两代，第1代幼虫于5月下旬至6月中旬陆续孵化，6月上旬为孵化盛期；第2代幼虫在卷叶内越冬。初孵幼虫靠吐丝下吊传播，将叶缀成1虫1包藏身其中食害叶片，将叶片食成网状直至8月上旬，远见树冠，犹如火烧一般。第2代幼虫9月中、下旬休眠化蛹，10月中旬起幼虫孵化危害至来年。

防治方法：①摘除卵块，剪除被害叶片集中烧毁，减少虫源。②在幼虫还未进入暴食之前，用90%敌百虫800倍液或80%敌敌畏乳剂1000倍液喷1~2次，每10天1次。

### 2. 爻纹细蛾、荔枝蛀虫

该虫主要以幼虫危害新叶，潜入主脉、叶柄及嫩梢髓部蛀食，受害叶片及秋梢之尖端部分，逐渐枯焦似火烧状，幼虫亦严重蛀害果实，从果蒂蛀入危害，造成落果。一般1年发生6~7代，第1、2代发生于6月上中旬和7月上旬，主要危害果实。第3、4、5、6代分别发生于8月上旬、8月下旬、9月上旬、10月上旬，危害夏梢和果实及秋梢，其中尤以果实秋梢受害最烈。幼虫在花梗中越冬，幼虫老熟后即爬出在叶脉附近吐丝作茧。

防治方法：①谢花后喷80%敌百虫800倍液2~3次，每隔15天1次，或用敌杀死2000倍液均可。②秋梢抽发期发现虫害时喷敌百虫或敌杀死1~2次，浓度同上。③园内落果拾尽烧毁。

3. 天牛

天牛有星天牛和龟背天牛，是龙眼荔枝受害率较高的害虫。星天牛幼虫在近地的主干基部蛀食，龟背天牛蛀食树干枝杈，使树势衰退甚至死亡。1993年泸县龙眼园640株幼树，有15株受害，受害率2.35%。成虫形态的明显区别是：星天牛漆黑色、触角长、鞘翅上密布白斑点，似星得名。龟背天牛成虫体长、触角长，小于星天牛，前胸背板黄色明显，鞘翅黄色，由黑色条纹围成若干龟纹状斑块，似龟背得名。

防治方法：①捕杀成虫。星天牛与龟背天牛都在6~9月羽化飞出，停留于枝杈或树干基部时扑杀。②及时刮卵。在产卵的树干、干基有伤痕湿润或流胶处，及时把卵块刮除。③钩杀幼虫。每年6~7月注意检查，幼虫蛀后，必有粪便排出木屑，可用细铁丝钩杀幼虫，或掏出粪木屑，用棉球蘸高浓度敌百虫、敌敌畏等农药塞洞口封严熏杀，有好的效果。

4. 金龟子

金龟子又名绿蚊，成虫体长约 20 毫米，体背铜绿色有光泽，腹面黄褐色，幼虫体长 30 毫米。1 年发生 1 代，幼虫在土壤里越冬，5 月中下旬羽化出现成虫，5 ~ 7 月是成虫危害盛期。成虫白天潜伏在地上、泥土或杂草内，傍晚飞至树上整夜危害花穗、幼果和新梢，第二天上午飞离树冠。成虫有趋光性和假死性。

防治方法：①借其趋光性，用电灯或火堆诱杀，其效果很好。②利用假死性特点，可摇动树枝人工捕杀。③成虫危害期用 80% 敌百虫 1000 倍液喷射树冠，防治效果较好。

5. 尺蠖

尺蠖又名寸寸虫，周年发生 4 ~ 5 代，世代重叠，以 5 ~ 9 月为危害盛期。幼虫在 3 ~ 4 龄后，食量增大，抗药能力强。幼虫体长约 70 毫米，初龄幼虫灰褐色，老熟时有深褐、灰褐、青褐等色，主要以幼虫危害叶子。

防治方法：药剂防治宜在幼虫 1 ~ 3 龄时进行，有效药剂有① 90% 敌百虫 800 ~ 1000 倍液。②敌敌畏 1000 倍液。③青虫菌洗衣粉混合液（青虫菌、洗衣粉配方比例为 1∶2000）

6. 象鼻虫

象鼻虫又名大灰象，成虫体长 15 ~ 18 毫米，体表灰色鳞片，1 年发生 1 代，以成虫及幼虫在土内越冬，成虫寿命很长，主要危害春梢嫩叶，也可转入危害幼果。该虫有假死性和群集性。

防治方法：①利用假死性震落杀死。②80% 敌敌畏 1000 倍液喷杀。③50% 敌百虫 400 倍液喷射树冠毒杀。